平面设计与制作

突破平面

牛琛富茜 / 编著

会声会影2018

视频编辑与制作

清华大学出版社

北京

内 容 简 介

本书通过丰富的案例全面且细致地讲解了会声会影2018从捕获素材、视频的剪辑与修整、照片的编辑、添加视频特效、后期处理到分享输出的全部制作流程和剪辑技巧，帮助读者轻松、快速地从入门到精通会声会影，并从新手成为视频编辑高手。

全书采用教程+实例的形式编写，共分5篇：入门向导篇、捕获剪辑篇、特效合成篇、后期处理篇、综合案例篇。内容包括影音剪辑基础、会声会影的基本操作、视频素材的捕获、素材的管理与编辑、滤镜特效的巧妙应用、视频覆叠的创意合成、视频转场的完美过渡、字幕的制作与添加、音频的添加与编辑，以及综合案例儿童相册——快乐童年、婚纱相册——心心相印、旅游相册——难忘泰国行等内容，使读者能融会贯通、巧学活用，制作出完整且精彩的个人影片。

本书步骤清晰，技巧实用，实例可操作性强，适合DV爱好者、影像工作者、数码家庭用户及视频编辑入门者阅读，也可作为大中专院校相关专业及视频编辑培训机构的辅导教材。

图书在版编目（CIP）数据

突破平面：会声会影2018视频编辑与制作/牛琛富茜编著. —北京：清华大学出版社，2019
（平面设计与制作）

ISBN 978-7-302-51687-3

Ⅰ．①突… Ⅱ．①牛… Ⅲ．①视频编辑软件 Ⅳ．①TN94

中国版本图书馆CIP数据核字（2018）第264266号

责任编辑：陈绿春
封面设计：潘国文
责任校对：胡伟民
责任印制：丛怀宇

出版发行：清华大学出版社
      网   址：http://www.tup.com.cn，http://www.wqbook.com
      地   址：北京清华大学学研大厦A座   邮   编：100084
      社 总 机：010-62770175   邮   购：010-62786544
      投稿与读者服务：010-62776969，c-service@tup.tsinghua.edu.cn
      质量反馈：010-62772015，zhiliang@tup.tsinghua.edu.cn
印 装 者：三河市君旺印务有限公司
经   销：全国新华书店
开   本：188mm×260mm   印   张：21   字   数：525千字
版   次：2019年1月第1版   印   次：2019年1月第1次印刷
定   价：88.00元

产品编号：076925-01

前言

关于本书：

本书是一本会声会影2018从入门到精通的实战教程，全书以教程+实例的形式，依次讲解了会声会影2018从捕获素材、视频的剪辑与修整、照片的编辑、添加视频特效、后期处理，到分享输出的全部制作流程和剪辑技巧，帮助读者轻松学习会声会影的系统知识，最后通过三个经典实例对各章知识点进行综合练习与拓展，达到学以致用的目的。

本书内容：

本书共分为5篇，分别是入门向导篇、捕获剪辑篇、特效合成篇、后期处理篇、综合案例篇，包括影音剪辑基础、会声会影的基本操作、视频素材的捕获、素材的管理与编辑、滤镜特效的巧妙应用、视频覆叠的创意合成、视频转场的完美过渡、字幕的制作与添加、音频的添加与编辑，以及综合案例儿童相册——快乐童年、婚纱相册——心心相印、旅游相册——难忘泰国行等内容，不仅巩固了前面所学内容，而且能帮助读者融会贯通，开拓思维，发挥创意，巧学活用视频编辑技巧。

本书特色：

1. 实用的视频教材

本书完全站在初学者的立场，对会声会影2018中常用的工具和功能进行了深入阐述，重点突出。书中每章均通过小案例来讲解基础知识和基本操作，确保读者学完知识点后即可进行软件操作。

2. 完善的知识体系

本书以会声会影2018的实际工作流程为主线，循序渐进地讲解从获取素材、编辑素材、添加特效直到刻录输出的全部制作过程，让读者轻松制作出符合自己需求的视频节目。

突破平面：会声会影2018视频编辑与制作

3. 贴心的教学方式

为了激发读者的兴趣和引爆创意灵感，作者精心安排涵盖婚纱相册、时尚写真、游玩相册、儿童相册、旅游记录等多个应用领域的实例，深入剖析会声会影2018的每个核心技术细节。

4. 直观的教学视频

全书配备了多媒体教学视频，可以在家享受专家课堂式的讲解，成倍提高学习兴趣和效率。对于重要命令或操作复杂的命令，结合演示性案例进行介绍，步骤清晰，层次鲜明。

本书由西安交通大学人文学院艺术系牛琛富茜编著，在编写本书的过程中，我们以科学、严谨的态度，力求精益求精，但错误和疏漏之处在所难免，敬请广大读者批评指正。联系邮箱：694195911@qq.com。

本书的相关素材和视频教学文件可以通过扫描各章首页的二维码在益阅读平台进行下载。也可以通过下面的地址或者二维码进行下载。

地址：https://pan.baidu.com/s/1tc-Tyz2NmY7nTu8aeHQupw

提取码：vh85

如果在相关素材下载过程中碰到问题，请联系陈老师，联系邮箱：chenlch@tup.tsinghua.edu.cn。

作者
2018年10月

第1篇　入门向导篇

第2篇　捕获剪辑篇

第3章　视频素材的捕获

第4章　素材的管理与编辑

突破平面：会声会影2018视频编辑与制作

第3篇　特效合成篇

第5章　滤镜特效的巧妙应用

突破平面：会声会影2018视频编辑与制作

第4篇　后期处理篇

第8章　字幕的添加与制作

第5篇　综合案例篇

第11章　儿童相册——快乐童年

突破平面：会声会影2018视频编辑与制作

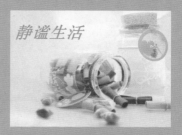

9

目录

第1章 影音剪辑基础

随着数码摄像技术的不断发展，越来越多的家庭和个人使用相机、手机来拍摄影片，这代表着个人视频的时代已经来临。在这个时代里，任何人都可以坐在家用计算机前，使用会声会影视频编辑软件剪辑、制作出品质堪比专业级的影片。

学习视频编辑的第一步就是了解并掌握影音剪辑的基础知识。本章将具体介绍视频编辑的常识以及认识会声会影2018、软件安装与运行、视频编辑流程等知识，引领读者进入视频编辑的领域。

1.1 视频编辑常识

在学习视频编辑之前，读者应该具备一定的视频编辑常识，这样有助于后面的学习。

1.1.1 后期编辑类型

视频编辑是影片艺术创作过程中最后一次再创作，是将拍摄完成的影像通过各场景的剪辑、镜头之间的组接、添加特效后制作成光盘的过程。视频编辑有线性编辑与非线性编辑之分，它们都有各自的特点。下面具体介绍这两种视频编辑的类型。

1. 线性编辑

线性编辑是一种磁带的编辑方式，即利用电子手段，根据节目内容的要求将素材连接成新的连续画面的技术，是电视节目的传统编辑方式。通常先使用组合编辑的方式将素材顺序编辑成新的连续画面，再以插入编辑的方式对某一段进行同样长度的替换。但不可能删除、缩短、加长中间的某一段，除非抹去那一段以后的画面并重录。其特点如下。

● **技术成熟、操作简便**

线性编辑所使用的设备主要有编辑放映机和编辑录像机，但根据节目需求还会用到多种编辑设备。不过，由于在进行线性编辑时可以直接、直观地对素材录像带进行操作，因此整体操作较为简单。

● **编辑过程烦琐、只能按时间顺序进行编辑**

在线性编辑过程中，素材的搜索和录制都必须按时间顺序进行，编辑时只有完成前一段编辑后，才能开始编辑下一段。为了寻找合适的素材，工作人员需要在录制过程中反复地前卷和后卷素材磁带，这样不但浪费时间，还会对磁头、磁带造成一定的磨损。重要的是，如果要在已经编辑好的节目中插入、修改或删除素材，都要受到预留时间、长度的严格限制，无形中给节目的编辑增加了许多麻烦，同时还会造成资金的浪费。

2. 非线性编辑

非线性编辑是相对于传统上的以时间顺序进行的线性编辑而言的。非线性编辑借助计算机来进行数字化制作，因而几乎所有工作都是在计算机里完成的。这种技术提供了一种方便、快捷、高效的电视编辑方法，可以立即观看并任意修改任何片段。

非线性编辑需要专用的编辑软件、硬件，是现在绝大多数的电视电影制作机构普遍采用的编辑技术。

非线性编辑采用的是数字化的记录方式，具有强大的兼容性、投资相对较少等特点，目前已在电视节目编辑中被广泛应用，其优势在于以下几方面。

◎ 信号质量高：无论如何处理或者编辑，拷贝多少次，信号质量始终如一。

◎ 制作水平高：大量素材都存储在硬盘上，可以随时调用。整个编辑过程既灵活又方便。

◎ 网络化：非线性编辑系统可充分利用网络方便地传输数码视频，实现资源共享。

1.1.2 视频编辑术语

在进行视频编辑前，应先了解视频编辑的常用专业术语与技术名词，才能在视频剪辑中更加得心应手。

1. 帧与帧速率

视频是由一幅幅静态画面所组成的图像序列，而组成视频的每一幅静态图像便被称为"帧"。也就是说，帧是视频（包含动画）内的单幅影像画面，相当于电影胶片上的每一格影像，以往人们常常说到的"逐帧播放"指的便是逐幅画面地查看视频。

在播放视频的过程中，播放效果的流畅程度取决于静态图像在单位时间内的播放数量，即"帧速率"，其单位为帧/s（fps）。

要生成平滑连贯的动画效果，帧速率一般不小于8帧/s。

◎ 在电影中，帧速率为24fps，即每秒播放24格。

◎ PAL制：帧速率为25fps，即每秒播放25幅画面。

◎ NTSC制：帧速率为30fps，即每秒播放30幅画面。

◎ 网络视频：帧速率为15fps，即每秒播放15幅画面。

2. 场

场就是场景，是各种活动的场面，由人物活动和背景等构成。影视作品中需要很多场景，并且每个场景的对象可能都不同，且要求在不同场景中跳转，从而将多个场景中的视频组合成一系列有序的连贯的画面。

3. 分辨率和像素

分辨率和像素都是影响视频质量的重要因素，与视频的播放效果有着密切联系。

◎ 像素：在电视机、计算机显示器及其他相类似的显示设备中，像素是组成图像的最小单位，而每个像素则由多个不同颜色的点组成。

◎ 分辨率：是指屏幕上像素的数量，通常用"水平方向像素数量×垂直方向像素数量"的方式来表示，例如720×480像素、720×576像素等。

每幅视频画面的分辨率越大、像素数量越多，整个视频的清晰度也就越高。

4. 画面宽高比与像素宽高比

◎ 画面宽高比：拍摄或制作影片的长度和宽度之比，主要包括4:3和16:9两种。由于后者的画面更接近人眼的实际视野，所以应用更为广泛。

◎ 像素宽高比：在平面软件所建立的图像文件中像素比基本为1，电视上播放的视频，像素比基本不为1。

5. 镜头

后期制作中，将拍摄的视频进行剪辑或与其他视频片段组接，在这一过程中，通过剪辑后得到的每个视频片段，都被称为镜头。

6. 转场

场景与场景之间的过渡或转换，就叫作转场。在会声会影中，常见的转场有交叉淡化、淡化到黑场、闪白等。

7. 视频轨与覆叠轨

视频轨与覆叠轨是会声会影中的专有名词。在会声会影中有1个视频轨、20个覆叠轨。

◎ 视频轨是会声会影中添加视频、图像、色彩的轨道，如图1-1所示。

图1-1

◎ 覆叠轨就是覆盖叠加的轨道，是制作画中画视频的关键，如图1-2所示。

图1-2

8. 视频时间码

视频时间码是摄像机在记录图像信号的时候，针对每一幅图像记录的唯一的时间编码；也就是在拍摄DV影像时，准确地记录视频拍摄的时间。

在用DV记录一些特殊场景的时候，如果添加上拍摄的时间就显得更有纪念意义了。

9. 项目

项目是指进行视频编辑等加工操作的文件，如照片、视频、音频、边框素材及对象素材等。

10. 素材

在会声会影中可以进行编辑的对象称为素材，如照片、视频、声音、标题、色彩、对象、边框及Flash动画等。

11. 关键帧

表示关键状态的帧叫作关键帧。任何动画要表现运动或变化，至少前后要给出两个不同的关键状态，而中间状态的变化和衔接，计算机可以自动生成。

1.1.3 常用视频格式

在视频编辑中，会接触到各种不同视频格式保存的视频素材。下面具体介绍常用的视频格式。

1. MPEG视频格式

这类视频格式包括了MPEG-1、MPEG-2和MPEG-4在内的多种格式。MPEG格式的视频文件的用途非常广泛，可以用于多媒体、PPT幻灯片演示中。

◎ MPEG-1：该格式是用户接触得最多的格式，一般广泛应用在VCD的制作以及一些网络视频片段的下载上。一一般情况下，VCD都是以MPEG-1格式压缩的。

◎ MPEG-2：该格式主要用在DVD的制作方面，主要用于编辑、处理一些高清晰电视广播和一些高要求的视频。

◎ MPEG-4：它是一种新的压缩算法，利用这种算法的ASF格式可以把一部120min长的电影压缩到300MB左右。

2. AVI视频格式

AVI格式是由微软公司发表的视频格式，可以说是视频领域历史最悠久的格式之一。AVI格式调用方便、图像质量好，可任意选择压缩标准，是应用得最广泛的格式。

3. WMV视频格式

该视频格式是一种独立于编码方式的、在Internet上实时传播多媒体的技术标准，Microsoft公司希望用它取代QuickTime之类的技术标准，以及WAV、AVI之类的文件扩展名。WMV的主要优点在于：可扩充的媒体类型、本地或网络回放、可伸缩的媒体类型、流的优先级化、多语言支持、扩展性强等。

4. FLV视频格式

FLV流媒体格式是一种新的视频格式。它形成的文件极小、加载速度极快，使得在网络上观看视频文件成为可能。它的出现有效地解决了将视频文件导入Flash后，因导出的SWF文件体积庞大，而不能在网络上很好地使用等问题。

5. 3GP视频格式

该格式是一种3G流媒体的视频编码格式，主要是为了配合3G网络的高传输速度而开发的，也是目前手机中最为常见的一种视频格式。目前，大部分支持视频拍摄的手机都支持3GP（3GPP）格式的视频播放。

1.1.4 常用音频格式

在计算机内播放或是处理音频文件，是对声音文件进行数-模转换的过程。常用的音频格式有下面几种。

◎ CD音频格式：该格式的音质比较高，是音乐光盘所用的格式。

◎ WAV音频格式：该格式是微软公司开发的一种声音文件格式，几乎所有的音频编辑软件都能识别它。其质量和CD相差无几，也是目前PC（个人计算机）上广为流行的格式。

◎ MP3音频格式：该格式的文件尺寸小，音质要次于CD格式和WAV格式的声音文件，应用广泛。

◎ MPEG-4音频格式：MP4播放器的音频格式，具有较高的压缩率，适合窄带和宽带的传输。

◎ WMA音频格式：该格式的音质要强于MP3格式，压缩率较高，适合在网络上在线播放。

1.1.5 常用图像格式

在编辑视频时，经常需要用到各种类型的图像素材。下面具体介绍图像的常用格式。

◎ JPEG图像格式：该格式采用有损压缩方式压缩图像，可以用最少的磁盘空间得到较好的图像质量。

◎ BMP图像格式：该格式能存储4位、8位和24位的图像，是标准的图像文件格式，包含的图像信息较丰富，几乎无压缩。

◎ TIF图像格式：该格式是出版印刷的重要文件格式，能对一些色彩模式进行编码，还可以保存为压缩和非压缩的图像格式。

◎ GIF图像格式：该格式多被用于网页，可以同时存储多幅静止图像形成连续的动画，占用磁盘空间少。

◎ PNG图像格式：该格式是带有透明信息的素材图像，可存储16位的Alpha通道数据。

1.1.6 光盘类型

光盘是以光信息作为存储物的载体，是用来存储数据的一种物品，分为不可擦写光盘（如CD-ROM、DVD-ROM等）和可擦写光盘（如CD-RW、DVD-RAM等）。下面介绍部分光盘的类型。

◎ CD光盘：CD是一个用于所有CD媒体格式的一般术语。现在市场上的CD格式包括声频CD、CD-ROM、CD-ROM XA、照片CD、CD-I和视频CD等。在这多样的CD格式中，最为人们熟悉的一个或许是声频CD，它是一个用于存储声音信号轨道如音乐和歌的标准CD格式。和各种传统数据储存的媒体（如软盘和录音带）相比，CD是最适于储存大数量的数据，它可以是任何形式或组合的计算机文件、声频信号数据、照片映像文件、软件应用程序和视频数据。CD的优点包括耐用性、便利和有效的花费。CD盘的容量是700MB。

◎ VCD光盘：VCD即影音光碟，是一种在光碟上存储视频信息的标准。VCD可以在个人计算机或VCD播放器以及大部分DVD播放器中播放。VCD是一种全动态、全屏播放的视频标准，在亚洲地区被广泛使用。

◎ DVD光盘：DVD即数字多功能光盘，是一种光盘存储器，通常用来播放标准电视机清晰度的电影、高质量的音乐，并可存储大容量数据。它以MPEG-2为标准，拥有4.7GB的大容量，可储存133min的高分辨率全动态影视节目，包括杜比数字环绕声音轨道，图像和声音质量是VCD所不及的。

◎ BD-ROM光盘：BD-ROM是能够存储大量数据的外部存储媒体，可称为"蓝光光盘"，用以储存高品质的影音及高容量的数据。

1.2 认识会声会影2018

会声会影是一款操作简单、功能强大的多合一视频编辑制作软件，拥有强劲的处理速度和效能，支持最新视频编辑技术，集创新编辑、高级效果、屏幕录制和各种光盘制作于一身。

本节将带领大家初步认识会声会影2018，包括会声会影的功能简介，以及会声会影2018的新增功能，为视频编辑打下坚实的基础。

1.2.1 功能简介

会声会影2018是Corel公司最新推出的视频编辑软件。其功能灵活易用，编辑步骤清晰明了，即使是初学者也能在软件的引导下轻松地制作出好莱坞级的视频作品。

会声会影可让用户以强大、新奇和轻松的方式完成视频片段从导入计算机到输出的整个过程，制作出一流的视频作品。其主要功能优势在于以下几方面。

1. 操作简单

会声会影的界面操作简单，容易上手，已经成为家庭影片剪辑最常用的软件之一。

2. 步骤引导

影片制作向导模式，只要3个步骤就可快速做出DV影片，入门新手也可以在短时间内体验影片剪辑。

3. 功能强大

通过即时项目、影音快手模板剪辑制作视频，并配以音乐、标题等为其增添创意。从捕获、剪接、转场、特效、覆叠、字幕、配乐，到刻录，功能繁多，会声会影2018提供了专业视频编辑所需要的一切。

4. 创造力强

会声会影2018中各种不同的滤镜、转场、覆叠及标题等功能能让用户发挥创造力，制作出生动的影片效果。图1-3所示为会声会影中的各种特效。

图1-3

1.2.2 新增功能

　　会声会影2018与以往的版本相比，在原有的强大功能的基础上又进行了优化，还新增了一些新的功能。进入会声会影，执行"帮助"|"新功能"命令即可了解会声会影2018的新增功能，如图1-4所示。

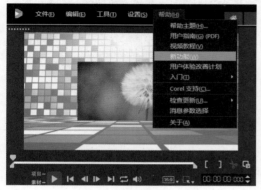

图1-4

◎ 全新视频编辑快捷键：如图1-5所示，使用视频编辑快捷键，不仅可以在预览窗格中直接对媒体进行剪裁、尺寸调整和定位，还可以将媒体与全新智能工具相结合。

图1-5

◎ 全新简化时间线编辑：如图1-6所示，使用该功能，可以自定义工具栏中的图标，快速访问最常使用的命令，可以通过全新控件调整轨道高度，进行全屏编辑等。

◎ 全新平移和缩放控件：如图1-7所示，使用全新控件放大动作在场景上平移时可以让观众犹如亲身体验。

图1-6

图1-7

◎ 全新分屏视频：如图1-8所示，使用该功能，可以同时显示多个视频并创建令人印象深刻的宣传片或分享用户最新旅途中的精彩瞬间。

图1-8

◎ 全新透镜校正工具：如图1-9所示，使用该功能，可以快速移除广角相机或运动相机中的失真现象并且数分钟即可创建专业级视频。

图1-9

◎ 全新3D标题编辑器：如图1-10所示，使用该功能，可以通过扩展标题选项为视频添加文本，专享无限创意选项。

◎ 独享VideoStudio Ultimate：如图1-11所示，利用NewBlue Titler Pro 5挖掘上百种专业级预设和创意效果。

图1-10

图1-11

1.3 软件安装与运行

学习视频编辑的基础知识后，就可对会声会影2018进行安装了，将软件正确安装到计算机上即可运行软件，并进行相应的操作了。

1.3.1 系统配置要求

因为视频编辑需要较多的系统资源，所以在配置计算机系统时，考虑的主要因素是硬盘的大小和速度、内存和CPU，这些因素决定了保存视频的容量、处理和渲染文件的速度。在编辑视频的工作中，系统配置越高，工作效率也就越高。

1. 最低系统要求

• Internet 连接，以完成更新。

◎ 操作系统：Windows 10、Windows 8、Windows 7（32位或64位操作系统）。

◎ CPU：Intel Core Duo 1.8GHz、Core i3 或AMD Athlon 64 X2 3800+ 2.0 GHz。

◎ 内存：2GB RAM，Windows 64位操作系统要求4GB。

◎ 显示分辨率：1024×768像素。

◎ 声卡：Windows 兼容声卡。

2. 输入/输出设备支持

在使用会声会影2018进行影片编辑时，常常需要从不同的设备上获取视频、音频、图片素材，并输出完成影片的制作。下面列出了会声会影2018支持的输入/输出设备类型。

◎ 1394卡：适用于 DV、D8 或HDV摄像机。

◎ USB接口：USB Video Class (UVC) DV、USB 捕获设备、PC 摄像机、网络摄像头。

◎ 光驱驱动器：Windows 兼容 Blu-ray 光盘、DVD-R/RW、DVD+R/RW、DVD-RAM 和 CD-R/RW 驱动器、iPhone、iPad、带视频功能的 iPod Classic、iPod touch等。

1.3.2　安装会声会影2018

下面将介绍如何将会声会影2018安装到计算机中。

01 打开自行购买或下载的会声会影2018安装文件，进入安装界面，单击"会声会影2018"按钮，即可进行会声会影2018软件的安装。

02 进入"请认真阅读以下许可协议"界面，勾选"我接受许可协议中的条款"复选框，然后单击"下一步"按钮，如图1-12所示。

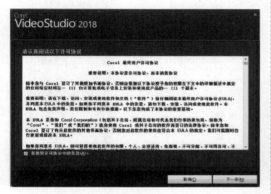

图1-12

03 进入"使用者体验改进计划"页面，勾选"启用使用者体验改进计划"复选框，单击"下一步"按钮，如图1-13所示。

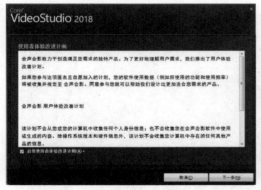

图1-13

04 进入下一个页面，设置相应参数，用户可根据需要设置软件的安装路径，单击"下一步"按钮，如图114所示。

图1-14

05 安装界面正在配置完成进度，如图1-15所示。

图1-15

06 单击"完成"按钮完成会声会影2018程序的安装，如图1-16所示。

图1-16

2018

1.3.3　启动与退出

正确安装会声会影2018后，则可以将其启动，开始你的视频编辑之旅了。下面介绍会声会影的启动与退出。

1. 启动

◎ 双击桌面中的"会声会影2018"应用程序图标。

◎ 用鼠标右击桌面上的"会声会影2018"应用程序图标，执行"打开"命令，如图1-17所示。

◎ 从"开始"｜"程序"菜单中选择"Corel VideoStudio 2018"选项，如图1-18所示。

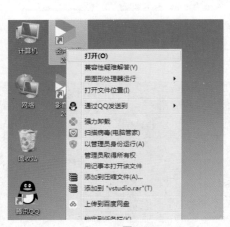

图1-17

图1-18

执行操作后，即可启动会声会影2018的应用程序，进入会声会影2018的程序界面，如图1-19所示。

图1-19

2. 退出

启动程序后，若需要关闭并退出程序，可以执行以下操作。

◎ 执行"文件"|"退出"命令，可退出会声会影2018应用程序，如图1-20所示。

◎ 单击操作界面右上角的"关闭"按钮 ✖ ，也可快速退出会声会影2018应用程序。

◎ 除以上两种方法外，按Alt+F4组合键也可快速退出。

图1-20

1.3.4 入门指南与视频教程

入门指南与视频教程向用户提供了会声会影2018的基本操作和视频特效、照片处理等教学内容，对初学者快速掌握会声会影2018有很大帮助。

01 启动会声会影2018，执行"帮助"|"视频教程"命令，如图1-21所示。

图1-21

02 在打开的网页中即可查看相应的视频教程，如图1-22所示。

图1-22

03 执行"帮助"|"入门"命令，在子菜单中选择相应的命令，如图1-23所示。

图1-23

04 在打开的对话框中介绍了相关的图文教程，如图1-24所示。

图1-24

1.3.5 卸载会声会影2018

系统安装软件以后，在使用过程中难免会因为某些原因导致程序无法正常工作。在这样的情况下，最好的办法就是卸载程序再重新安装。

01 单击"开始"菜单，执行"控制面板"命令，如图1-25所示。

图1-25

02 打开"控制面板"，单击"程序"下的"卸载程序"链接，如图1-26所示。

图1-26

03 在弹出的窗口中选择要卸载的Corel VideoStudio Trial 2018，单击鼠标右键，再单击"卸载/更改"按钮，如图1-27所示。

04 弹出"确定要完全删除Corel VideoStudio Trial 2018及其所有功能吗？"对话框，选中"清除Corel VideoStudio Trial 2018的所有个人设置"复选框，单击"删除"按钮，如图1-28所示。

图1-27

图1-28

提示

如果用户不需要清除Corel VideoStudio Pro 2018中的所有个人设置，可以不用勾选。

05 系统将会提示正在完成配置，如图1-29所示。

图1-29

06 所有配置完成后，单击"完成"按钮，就可以完成会声会影2018程序的卸载，如图1-30所示。

图1-30

1.4 视频编辑流程

了解视频编辑流程，能更快、更准确地进行视频编辑操作。会声会影与常见的视频编辑流程略有不同，下面进行具体介绍。

1.4.1 常见视频编辑流程

这里所讲的常见视频编辑是指非线性编辑，任何非线性编辑的工作流程，都可以简单地看成输入、编辑、输出这样3个步骤。当然由于不同软件功能的差异，其使用流程还可以进一步细化。

1. 素材采集

素材采集是将模拟视频、音频信号转换成数字信号存储到计算机中，或者将外部的数字视频存储到计算机中，使之成为可以处理的素材。

2. 基本编辑

◎ 素材剪辑：对采集来的素材在相应的视频编辑软件中进行剪切、复制、粘贴等操作，从而获取有用的镜头片段。

◎ 素材排列：对镜头进行重新组合、排列，改变镜头之间的组接顺序。

3. 特效编辑

◎ 场景过渡：利用镜头之间的自然过渡来衔接两个场景，为了体现不同的视觉效果和叙事要求，需要使用特技转场来连接两个场面。

◎ 特效处理：通过对素材添加滤镜、控制时间的快慢等特效处理，使视频呈现出精彩炫酷的效果。

◎ 合成：合成是影视制作的工作流程中必不可少的一个环节，是指将多个层上的画面混合，通过修改透明度、遮片等操作叠加成单一复合画面的处理过程；同时还包括了音视频的合成、字幕的合成等。

4. 节目输出

◎ 节目的生成：经过剪辑、添加特效、转场、音视频合成、字幕合成等步骤之后，编辑的最终效果就体现在视频编辑软件的时间线窗口中，然后将其生成为最终视频。

◎ 节目的输出：将生成的视频输出到相应的设备中，不同的设备所需的视频格式不同。

1.4.2 会声会影编辑流程

会声会影主要的特点是操作简单，只要3个步骤就可快速做出DV影片，入门新手也可以在短时间内体验影片剪辑。

1. 捕获

在"捕获"面板中，可以从摄影机或其他视频源中捕获媒体素材，将其导入到计算机中。该步骤允许捕获和导入视频、照片和音频素材。

2. 编辑

"编辑"步骤是会声会影视频编辑过程中最重要一步，在"编辑"面板中可以对素材进行排列、编辑，修整视频素材，还可以添加覆叠素材、转场特效、视频滤镜、字幕和音频等效果，使影片精彩纷呈，丰富多彩。

3. 输出

视频编辑完成后，最后一步只需输出就可以完成整个影片的流程。在"输出"面板中可以选择将影片输出为视频或单独的音频文件保存到计算机中；也可以选择将视频共享到网络上，刻录成光盘等。会声会影2018提供了多种输出选项，用户可以根据不同的需要来创建影片。

第2章 基本操作

素材

视频

工欲善其事，必先利其器。本章将具体介绍会声会影2018的基本操作，为日后的视频编辑打下坚实的基础。接下来，让我们一起来体验会声会影的强大魅力。

2.1 熟悉工作界面

会声会影2018特有的操作界面，可以让读者清晰而快速地完成影片的编辑工作。会声会影2018的操作界面由步骤面板、菜单栏、预览窗口、导览面板、素材库、选项面板、工具栏、项目时间轴组成，如图2-1所示。

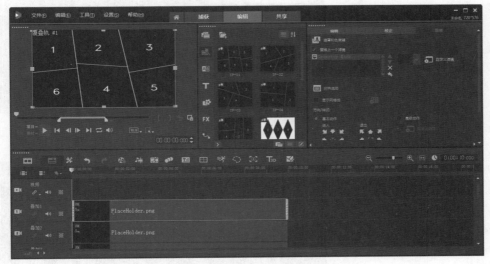

图2-1

2.1.1 步骤面板

使用会声会影2018剪辑影片可分成4个步骤，分别为欢迎 、捕获、编辑和共享，如图2-2所示。

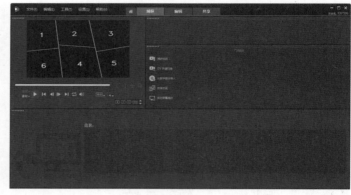

图2-2

单击步骤面板中的按钮，可以切换步骤进行相关操作。

1. 欢迎

在步骤面板中单击"欢迎"按钮 进入"欢迎"步骤面板，可以付费购买视频模板，从而制作出非常漂亮、专业的视频画面效果。

2. 捕获

在"捕获"步骤面板中，可以将视频源中的影片或图像素材捕获到计算机中，单击"捕获"按钮后界面如图2-3所示。

图2-3

3. 编辑

"编辑"步骤面板是会声会影2018的核心部分。在该面板中可以管理、编辑视频素材，也可以为视频添加滤镜及转场效果，如图2-4所示。

图2-4

4. 共享

影片制作完成后，通过"共享"步骤面板可以创建视频文件，或将影片输出到网络、DVD光盘中，如图2-5所示。

图2-5

2.1.2 菜单栏

会声会影2018的菜单栏
包括"文件""编辑""工
具""设置"和"帮助"菜
单，如图2-6所示。

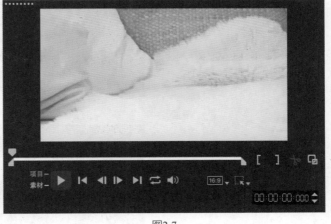

图2-6

下面一一介绍各菜单的主要功能。

◎ "文件"菜单：主要用于文件操作，如新建、打开和保存项目等。
◎ "编辑"菜单：主要用于编辑视频内容，如复制、粘贴和删除等。
◎ "工具"菜单：主要包括一些常用的工具，如DV转DVD向导、创建光盘、绘图创建器等。
◎ "设置"菜单：主要用于设置项目，如参数设置、项目属性、素材库管理器等。
◎ "帮助"菜单：主要包括使用指南、视频教学教程、新增功能等帮助信息。

2.1.3 预览窗口与导览面板

预览窗口和导览面板用于
预览和编辑项目文件中的素
材，如图2-7所示。使用修整
标记和擦洗器可以编辑素材，
单击"播放修整后的素材"按
钮可以预览当前视频效果。下
面一一介绍导览面板中各部分
的名称和功能。

◎ 播放▶：播放和暂停当前
项目或所选素材。单击
该按钮可预览当前视频
效果。

图2-7

◎ 起始◀◀：返回项目、素材或所选区域的起始点。在项目区间比较长的情况下，单击
该按钮可以直接返回起始片段。
◎ 上一帧◀▮：移动到上一帧。需要精确到某个时间时，可以通过该按钮或者"下一
帧"按钮来控制时间点。
◎ 下一帧▮▶：移动到下一帧。需要精确到某个时间时，可以通过该按钮或者"上一
帧"按钮来控制时间点。
◎ 结束▶▶：移动到项目、素材或所选区域的结束位置。单击该按钮可以直接跳转到结
束片段。
◎ 重复🔁：循环播放单个素材或者整个项目文件。
◎ 系统音量◀）：通过拖动滑动条调节计算机的音量。
◎ 项目宽高比16:9：用来更改项目文件的宽高比显示。
◎ 裁剪和缩放模式：单击该按钮，可以调整图像的大小，也可以裁剪图像。

◎ 时间码 $\boxed{\text{00:00:00 19}}$ ：在时间码上输入时间，可以直接跳转到项目或所选素材的某个确定时间点。

◎ 扩大窗口预览 ：最大化预览窗口，便于预览视频效果。

◎ 擦洗器 ：可以在项目或者素材上直接拖动，以确定当前播放时间。

◎ 修整标记 ：拖动修整标记可以设置预览范围或者修整素材。

◎ 开始标志 [：在项目中设置预览范围或者素材修整的开始点。

◎ 结束标志] ：在项目中设置预览范围或者素材修整的结束点。

◎ 分割素材 ：将擦洗器拖动到想要分割素材的位置，单击该按钮可以分割所选素材。

2.1.4 素材库

素材库用于保存和管理各种素材文件，其中包括视频、图像、音频3类媒体素材，还包括转场、标题、滤镜、图形、路径等。

1. "媒体"素材库

启动程序后默认打开的素材库为"媒体"素材库，该素材库提供了视频、图像、音频素材，如图2-8所示。也可以单击"媒体"按钮 进入"媒体"素材库。

图2-8

2. "即时项目"素材库

单击"即时项目"按钮 ，即可进入"即时项目"素材库，该素材库提供了多个项目模板，包括开始、当中、结尾、完成等多个分类，如图2-9所示。

图2-9

3. "转场"素材库

单击"转场"按钮 ，即可进入"转场"素材库，该素材库提供了126种转场效果，如图2-10所示。通过单击"画廊"的倒三角按钮 ，在弹出的下拉列表中可以选择转场类型。

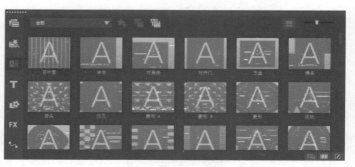

图2-10

4. "标题"素材库

单击"标题"按钮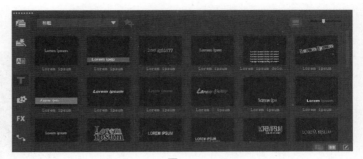，即可进入"标题"素材库，该素材库提供了34种预设标题，如图2-11所示。可以直接将这些预设标题效果添加至影片中，再重新编辑使用。

图2-11

5. "图形"素材库

单击"图形"按钮，即可进入"图形"素材库，该素材库提供了15种预设色彩、25种色彩图样、25种背景、25种边框、50种对象、40种Flash动画等素材。通过单击"画廊"右侧的倒三角按钮，可切换素材分类，如图2-12所示。

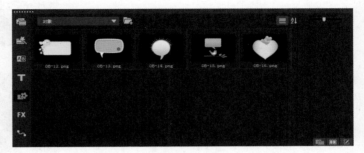

图2-12

6. "滤镜"素材库

单击"滤镜"按钮，即可进入"滤镜"素材库，该素材库提供了78种滤镜效果，如图2-13所示。通过单击画廊右侧的倒三角按钮，可选择不同的滤镜类型，如图2-14所示。

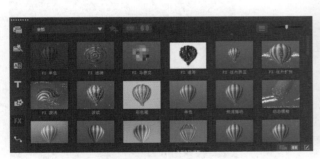

图2-13

图2-14

7. "路径"素材库

单击"路径"按钮，即可进入"路径"素材库，该素材库提供了10种预设路径效果，如图2-15所示。除了程序预设的路径外，用户还可以增加自动路径效果，方便日后使用。

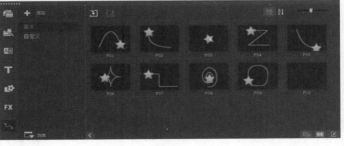

图2-15

2.1.5 选项面板

选项面板用于设置视频或素材的属性。该面板的内容根据素材类型及素材所在的轨道的不同而不同。下面介绍视频素材和照片素材的选项面板。

1. 视频"编辑"选项面板

在视频轨中添加视频素材后，双击素材，即可打开视频"编辑"选项面板，如图2-16所示。

该面板中各主要选项的含义如下。

图2-16

◎ 色彩校正 ：可以调整素材的颜色。

◎ 速度/时间流逝 ：可以调整视频素材的速度。

◎ 变速 ：可以通过新增关键帧来调节不同时间的视频速度。

◎ 反转视频：勾选该复选框，可以对视频素材进行反转操作。

◎ 分割音频 ：将视频与音频分割开来。

◎ 按场景分割 ：根据视频拍摄场景的不同分割。

图2-17

◎ 多重修整视频 ：可以实现多段剪辑视频。

2. 照片"编辑"选项面板

在视频轨中添加照片素材，双击鼠标即可进入照片"编辑"选项面板，如图2-17所示。

3. "效果"选项面板

在视频轨中添加素材后展开选项面板，单击"效果"按钮，可以切换至"效果"选项面板，如图2-18所示。

图2-18

在覆叠轨中添加素材后展开选项面板，此时打开的为"效果"选项面板，与视频轨中素材的"效果"选项面板不同，如图2-19所示。

图2-19

突破平面：会声会影2018视频编辑与制作

4. "校正"选项面板

在视频轨或叠加轨中添加照片或视频素材，展开选项面板，单击"校正"按钮，切换至"校正"选项面板，该选项面板用于校正素材的色彩效果，如图2-20所示。

图2-20

选择"色彩校正"选项后的面板显示如图2-21所示。图中具体的参数介绍参见4.2.3。

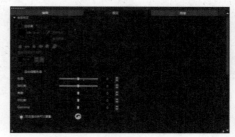

图2-21

2.1.6　工具栏

通过工具栏，用户可以方便、快捷地访问编辑按钮，如图2-22所示；还可以在"项目时间轴"上放大和缩小项目视图，以及启动不同工具以进行有效的编辑。

图2-22

◎ 故事板视图▦：仅显示在视频轨中添加的素材。

◎ 时间轴视图▤：显示视频轨、覆叠轨、标题轨即音频轨中的所有素材。

◎ 撤销⤺：撤销上次的操作。

◎ 重复⤻：重复上次撤销的操作。

◎ 录制/捕获选项▦：单击该按钮后，在弹出的对话框中可录制画外音、捕捉视频、抓拍快照。

◎ 混音器▦：打开"环绕混音"面板，对音频音量进行自定调节。

◎ 自动音乐▦：添加程序中的音乐文件。

◎ 运动跟踪▦：瞄准并跟踪屏幕上移动的物体，然后将其连接到如文本和图形等元素。

◎ 字幕编辑器▦：根据音频扫描并添加字幕，使字幕与音频同步。

◎ 多相机编辑器▦：可以从不同相机、不同角度创建视频。

◎ 重新映射时间▦：可以增添慢动作或者快动作特效、动作停帧或者倒带重播视频片段特效。

◎ 遮罩创建器▦：单击该按钮，可以在弹出的对话框中创建视频遮罩和静态遮罩。

◎ 摇动和缩放▦：可以缩放和摇动时间轴中的图像。

◎ 3D标题编辑器T₃ᴅ：单击该按钮，可以创建出三维运动的字幕标题。

◎ 分屏模板创建器▦：单击该按钮，可以创建出分屏模板。

◎ 缩放控件▦：通过使用缩放滑动条和按钮可以调整项目时间轴的视图大小。

◎ 将项目调到时间轴窗口大小▦：将项目视图调到适合于整个"时间轴"跨度。

◎ 项目区间 0:00:03.18 ：显示整个项目文件的时间长度。

　　项目时间轴是添加、编辑素材的地方。项目时间轴中包括了视频轨、覆叠轨、标题轨、声音轨和音乐轨等，如图2-23所示。

图2-23

◎　视频轨：可以添加视频、图片、色彩等素材，或添加转场等特效。在视频轨中添加的素材通常作为背景，在最底层，且时间不可间断。

◎　覆叠轨：与视频轨相同，同样可以添加各种素材与转场效果。会声会影2018提供了20个覆叠轨，排列在时间轴下方的覆叠轨素材，显示的图像在最上方。

◎　标题轨：用于在视频中添加标题，或输入字幕素材。

◎　声音轨：用于添加音频素材，录制的画外音会自动添加到声音轨中，而不会添加到音乐轨上。

◎　音乐轨：与声音轨相同，用于添加音频素材。选择"自动音乐"后将自动添加到音乐轨中。

◎　显示全部可视化轨道 ：显示项目中的所有轨道。

◎　轨道管理器 ：管理项目时间轴中的可见轨道。

◎　添加/删除章节或提示 ：在影片中设置章节及提示点。

◎　启用/禁用连续编辑 ：锁定和解锁任何移动轨道。

2.2　自定义工作界面

　　在会声会影2018中，用户可以根据自己的习惯和喜好任意拖动调整各面板的大小或位置；也可单独浮动面板，享用更宽广的剪辑环境。

2.2.1　调整界面布局

　　在会声会影2018中可以对操作界面中的各面板进行大小、位置调整。

　素材文件：视频\第2章\2.2.1调整界面布局

　　01 启动会声会影2018，将鼠标放置在面板与面板的边缘，此时鼠标呈上下或左右

双向箭头显示，拖动鼠标可调整面板的大小，如图2-24所示。

图2-24

02 调整各面板到需要的大小后效果如图2-25所示。

03 若需要浮动显示面板，可将鼠标放在面板上方区域，单击鼠标并将其拖出，如图2-26所示。

图2-25　　　　　　　　　　　　　　　　　图2-26

04 释放鼠标即可浮动显示该面板，如图2-27所示。

05 将鼠标放置在面板的四周，当光标变成双向箭头时，可拖动调整面板的大小，如图2-28所示。

图2-27　　　　　　　　　　　　　　　　　图2-28

> **➜ 提示**
>
> 在面板上方双击鼠标也可将面板设置为浮动显示，再次双击可以恢复到默认。

06 单击面板右上角的"最大化"或"最小化"按钮，可最大化或最小化显示面板，图2-29所示为最大化的导览面板和素材库面板。

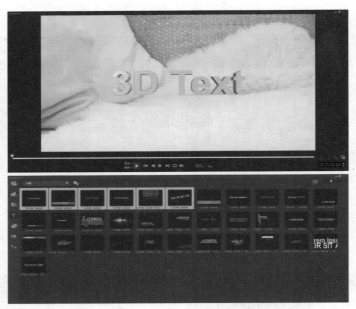

图2-29

2.2.2　保存自定义界面

对界面进行修改后，可以将它保存下来，方便日后的调用。在会声会影2018中可以保存3个自定义界面。

01 执行"设置"|"布局设置"|"保存至"|"自定义#1"命令，如图2-30所示，即可保存自定义界面。

02 下次调用时则可通过执行"设置"|"布局设置"|"切换到"|"自定义#1"命令切换到自定义的界面，如图2-31所示。

图2-30

图2-31

2.2.3 恢复默认界面

界面自定义后，执行"设置"|"布局设置"|"切换到"|"默认"命令，如图2-32所示，或者按快捷键F7，可将界面恢复至默认状态。

图2-32

2.2.4 设置预览窗口背景色

预览窗口默认的背景色为黑色，用户也可根据需要修改预览窗口的背景色。

01 执行"设置"|"参数选择"命令，如图2-33所示。

02 弹出对话框，在"预览窗口"选项下单击背景色色块，如图2-34所示。

图2-33

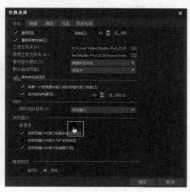

图2-34

03 在弹出的列表中可以选择不同的颜色，如图2-35所示。

04 或者单击"Corel色彩选取器""Windows色彩选取器"选项，在打开的对话框中可自定义更多颜色，如图2-36所示。

图2-35

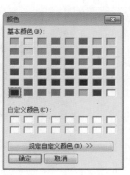

图2-36

2.3 了解视图模式

会声会影2018提供了3种视图模式，分别为时间轴视图、故事板视图和混音器视图，用户可以在不同的情况下使用不同的视图模式。下面详细介绍这3种视图模式。

2.3.1 时间轴视图

时间轴视图是会声会影2018默认的也是最常用的编辑模式，在时间轴视图中可以粗略浏览素材的内容（时间轴中的素材可以是视频文件、静态图像、声音文件或者转场效果及标题等），还可以根据素材在每条轨上的位置，准确地显示事件发生的时间及位置，如图2-37所示。

图2-37

> 💠 提示
>
> 将鼠标放置在时间轴的时间线上，滚动鼠标则可缩放时间轴视图。

2.3.2 故事板视图

故事板视图的编辑模式是会声会影2018提供的一种简单明了的视频编辑模式。故事板中的每个缩略图都代表影片中的一个事件。事件可以是视频素材，也可以是静态图像，如图2-38所示。

缩略图按项目中事件发生的顺序显示，可以拖动缩略图重新进行排列。在缩略图的底部显示了素材的区间。此外，在故事板视图中选择某一素材后，可以在导览面板中对其进行修整。

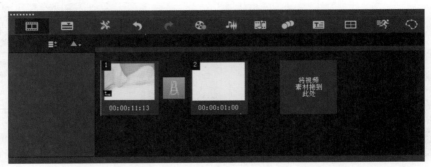

图2-38

2.3.3 混音器视图

混音器视图可以通过混音面板实时调整项目中音频轨的音量,以及音频轨中特定的音量,如图2-39所示。

图2-39

2.4 项目基本操作

在会声会影中,项目是指进行视频编辑等加工操作的文件。项目文件的格式是VSP,是会声会影特有的视频格式。在本节中将具体介绍关于项目文件的基本操作,包括项目文件的新建、保存及打开等。

2.4.1 新建项目文件

启动会声会影2018后,系统会自动新建一个项目文件。若需另外新建项目文件,则执行"文件"|"新建项目"命令,如图2-40所示。

图2-40

2.4.2　新建HTML项目

HTML项目为网页项目文件，新建的HTML项目文件输出后将以网页的形式保存。

01 执行"文件"|"新建HTML5项目"命令，如图2-41所示。

02 弹出提示对话框，单击"确定"按钮，如图2-42所示。

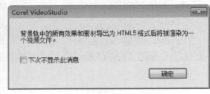

图2-41　　　　　　　　　　　　　　　　图2-42

03 即可新建一个HTML5项目，该项目文件的时间轴与默认的项目文件时间轴不同，如图2-43所示。

图2-43

2.4.3　在项目中插入素材

新建项目文件后，即可在项目文件中制作视频。视频制作的第一步就是在项目时间轴中插入素材。插入素材到项目文件中的方法有多种，下面具体介绍。

素材路径：视频\第2章\2.4.3在项目中插入素材

实例效果	 

01 第一种方法，在素材库中选择素材，单击鼠标并拖到时间轴中，如图2-44所示，释放鼠标即可在时间轴中插入素材。

图2-44

02 第二种方法，在时间轴中的空白区域单击鼠标右键，执行"插入照片"命令，如图2-45所示。

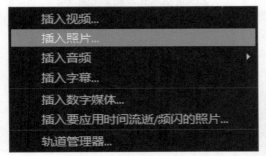

图2-45

03 第三种方法，执行"文件"|"将媒体文件插入到时间轴"|"插入照片"命令，如图2-46所示。

图2-46

04 弹出"浏览照片"对话框，选择

需要插入的素材，单击"打开"按钮，如图2-47所示。

图2-47

05 即可将素材插入到项目时间轴中，如图2-48所示。

图2-48

06 在预览窗口中会显示插入到时间轴中的素材效果，如图2-49所示。

图2-49

除了在时间轴中插入照片素材外，还可以添加视频、字幕、音频等素材。

2.4.4 打开项目文件

用户可打开已保存的项目文件，通过编辑该文件中所有的素材，渲染生成新的影片。本节将介绍打开项目文件的步骤。

> 视频文件：视频\第2章\2.4.4打开项目文件

01 选择项目文件图标 📄，双击鼠标左键即可打开，如图2-50所示。

图2-50

02 或者在会声会影2018中执行"文件"|"打开项目"命令，如图2-51所示。

03 弹出对话框，选择需要打开的项目文件，单击"打开"按钮，如图2-52所示，即可打开该项目。

图2-51

图2-52

2.4.5 保存项目文件

新建的项目文件是临时存储且未命名的，因此需要用户保存项目并命名，方便下次快速找到该项目。

> 视频文件：视频\第2章\2.4.5保存项目文件

01 在会声会影2018中，执行"文件"|"保存"命令，如图2-53所示。

图2-53

02 弹出"另存为"对话框，设置文件的保存路径及文件名称，单击"保存"按钮，如图2-54所示，即可保存项目文件。

→ 提示

在项目操作过程中，应注意养成随时保存的习惯，以免程序意外关闭而造成的文件丢失。保存项目文件的快捷键为"Ctrl+S"。

图2-54

2.4.6 另存项目文件

保存当前编辑完成的项目文件后，若需要将文件进行备份，则只需另外存储一份项目文件。

🎦 视频文件：视频\第2章\2.4.6另存项目文件

01 在会声会影2018中，执行"文件"|"另存为"命令，如图2-55所示。

02 弹出"另存为"对话框，设置文件的保存路径及文件名称，单击"保存"按钮即可，如图2-56所示。

图2-55

图2-56

2.4.7 保存为模板

将项目文件制作完成后，还可以将其保存为模板，保存的项目模板可以在即时项目中找到，方便下次直接调用。

🎦 视频文件：视频\第2章\2.4.7保存为模板

01 制作完影片后，执行"文件"|"导出为模板"|"即时项目模板"命令，如图2-57所示。

图2-57

02 弹出提示对话框，单击"是"按钮，如图2-58所示。

图2-58

03 弹出"另存为"对话框，设置文件保存路径及文件名称，单击"保存"按钮，如图2-59所示。

图2-59

04 弹出"将项目导出为模板"对话框，设置模板缩略图、类别等，如图2-60所示。

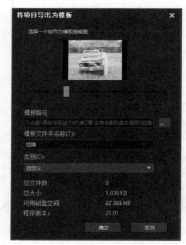

图2-60

05 单击"确定"按钮以完成设置，弹出提示对话框，如图2-61所示。

图2-61

06 单击"确定"按钮，在即时项目的自定义类别中即可看到保存的模板文件，如图2-62所示。

图2-62

 提示

即时项目中的模板可以即调即用，也可将其添加到时间轴后对其进行编辑、修改等操作。

2.4.8 保存为智能包

在制作影片时，经常需要从不同的文件夹中添加素材，当文件名称或文件路径发生修改时，程序就无法链接到该素材，会弹出图2-63所示的提示对话框。此时就需要重新链接素材。为避免这种情况发生，可以在保存项目时将项目保存为智能包。

图2-63

智能包的用处就是将项目文件中使用的所有素材整理到指定的文件夹中。即使是在另外一台计算机上编辑此项目，只要打开这个文件夹中的项目文件，素材就会自动链接。这样就不必再为丢失素材而苦恼了。

视频文件：视频\第2章\2.4.8保存为智能包

01 在会声会影2018中编辑项目后，执行"文件"|"智能包"命令，如图2-64所示。

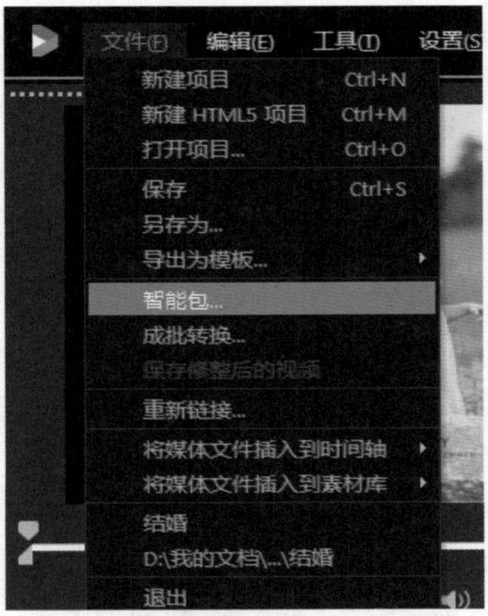

图2-64

02 弹出提示对话框，提示保存当前项目，单击"是"按钮，如图2-65所示。

图2-65

03 弹出"另存为"对话框，设置存储路径与文件名，单击"保存"按钮，如图2-66所示。

图2-66

04 弹出"智能包"对话框，选择打包类型，单击"文件夹"或"压缩文件"单选按钮，如图2-67所示。

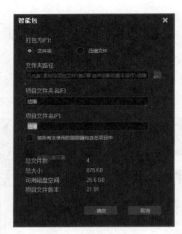

图2-67

图2-68

图2-69

05 这里为默认选择，单击"确定"按钮，项目进行压缩后弹出提示对话框，如图2-68所示。

06 单击"确定"按钮即可。找到项目保存的路径，此时可以看到所有素材文件打包为一个文件夹，如图2-69所示。

2.5 设置参数属性

为了成倍提高工作效率，在制作影片前应对参数属性进行相应设置，例如设置默认项目保存的路径、默认的素材区间等。

2.5.1 设置常规参数

常规参数包括撤销的级数、素材显示模式等。

 视频文件：视频\第2章\2.5.1设置常规参数.mp4

01 在会声会影2018中执行"设置"|"参数选择"命令，如图2-70所示。

图2-70

02 弹出"参数选择"对话框，如图2-71所示，此时可以对常规参数进行设置。

图2-71

➡ 提示

　　按快捷键F6可快速打开"参数选择"对话框。

下面对常规选项中的各参数进行详细解释。

◎ 撤销：勾选该复选框后可在操作的过程中对上一步操作进行撤销。

◎ 级数：设置可撤销的步骤次数，数值范围为1～99。撤销的级数越大，占用系统的内存越多，因此在设置时应选用一个合适的值。

◎ 重新链接检查：勾选该复选框后，则自动对项目中的素材进行链接检查，若移动素材在计算机中的路径或改变素材的名称，会弹出提示对话框提示无法链接素材。

◎ 工作文件夹：当新建的项目未进行保存时，程序默认临时放置在该文件夹内。当非正常关闭软件后，重新打开软件则会弹出对话框，提示是否恢复项目。

◎ 素材显示模式：用于设置时间轴上的素材显示方式，包括了"仅略图"

"仅文件名""略图和文件名"，默认以略图和文件名显示。

◎ 默认启动页面：用于设置软件程序启动时的默认显示页面，包括"欢迎书""编辑"和"捕获"3个页面。

◎ 媒体库动画：勾选该复选框可启用媒体库中的媒体动画。

◎ 将第一个视频素材插入到时间轴中显示消息：会声会影2018在检测到插入的视频素材的属性与当前项目的设置不匹配时，显示提示信息，如图2-72所示。

图2-72

◎ 自动保存间隔：设置自动保存的时间，数值范围为"1～60分"。

◎ 即时回放目标：设置回放项目的目标设备。提供了3个选项，用户可以同时在预览窗口和外部显示设备上进行项目的回放。

◎ 背景色：单击背景色后的色块，可以修改预览窗口的背景色。

◎ 在预览窗口中显示标题安全区域：勾选该复选框，在创建标题时，预览窗口中显示标题安全框，只要文字位于此矩形框内，标题就可完全显示出来。

◎ 在预览窗口中显示DV时间码：DV视频回放时，可预览窗口上的时间码。这就要求计算机的显卡必须是兼容VMR（视频混合渲染器）。

◎ 在预览窗口中显示轨道提示：选择不同覆叠轨道的素材，在预览窗口的左上角会显示轨道名称，如图2-73所示。

图2-73

2.5.2 设置编辑参数

在"参数选择"对话框中，选择"编辑"选项卡，如图2-74所示。

图2-74

下面对编辑选项中的各参数进行详细讲解。

◎ 应用色彩滤镜：选择调色板的色彩空间，有NTSC和PAL两种，一般选择PAL。

◎ 重新采样质量：指定会声会影2018中所有效果和素材的质量。一般使用较低的采样质量（例如较好）获取最有效的编辑性能。

◎ 用调到屏幕大小作为覆叠轨上的默认大小：勾选该复选框，插入到覆盖轨道的素材默认大小设置为适合屏幕的大小。

◎ 默认照片/色彩区间：设置添加到项目中的图像素材和色彩的默认长度，区间的时间单位为"s"。

◎ 显示DVD字幕：设置是否显示DVD字幕。

◎ 图像重新采样选项：选择一种图像重新采样的方法，即在预览窗口中的显示。有"保持宽高比""保持宽高比（无宽屏幕）"和"调到项目大小"3个选项。

◎ 对照片应用去除闪烁滤镜：减少在使用电视查看图像素材时所发生的闪烁。

◎ 在内存中缓存照片：允许用户使用缓存处理较大的图像文件，以便更有效地进行编辑。

◎ 默认音频淡入/淡出区间：该选项用于设置音频的淡入和淡出的区间，在此输出的值是素材音量从正常至淡化完成之间的时间总值。

◎ 即时预览时播放音频：勾选该复选框，在时间轴内拖动音频文件的飞梭栏，即可预览音频文件。

◎ 自动应用音频交叉淡化：允许用户使用两个重叠视频，对视频中的音频文件应用交叉淡化。

◎ 默认转场效果的区间：指定应用于视频项目中所有转场效果的区间，单位为"s"。

◎ 自动添加转场效果：勾选了该复选框后，当项目文件中的素材超过两个时，程序将自动为其应用转场效果。

◎ 默认转场效果：用于设置了自动转场效果时所使用的转场效果。

◎ 随机特效：用于设置随机转场的特效。

2.5.3 设置项目属性

使用会声会影2018编辑影片之前，应该先设置项目属性，这决定了影片在预览时的外观和质量。

> 视频文件：视频\第2章\2.5.3 设置项目属性.mp4

01 执行"设置"|"项目属性"命令，如图2-75所示。

图2-75

02 弹出"项目属性"对话框，如图2-76所示。

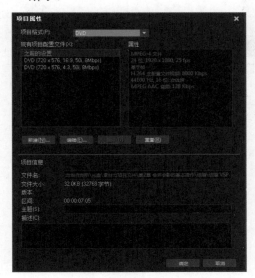

图2-76

03 在"项目格式"下选择"在线"选项，如图2-77所示。

图2-77

04 在"现有项目配置文件"列表中选择一个选项，单击"编辑"按钮，如图2-78所示。

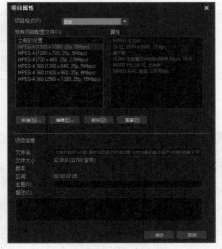

图2-78

05 在打开的对话框中分别单击相应的选项卡，设置参数，如图2-79所示。

图2-79

2.6 模板快速制作

会声会影2018不仅提供了即时项目模板，还新增了影音快手。使用这些预设的模板不仅能快速地制作影片，还能根据需要替换需要的素材，制作出专业的视频效果。

2.6.1 即时项目

即时项目提供了很多种模板，添加模板然后替换素材，可轻松而快速地制作出专业的视频效果。

视频文件：视频\第2章\2.6.1即时项目.mp4

实例效果

01 进入会声会影2018，单击素材库中的"即时项目"按钮，如图2-80所示。

02 单击HTML5按钮，从右侧素材库中选择一个项目模板，如图2-81所示。

图2-80

图2-81

03 将选择的模板拖到时间轴中，如图2-82所示。

图2-82

04 选择数字照片素材，单击鼠标右键，执行"替换素材"|"照片"命令，如图2-83所示。

图2-83

05 在打开的对话框中选择素材路径，然后选择素材，单击"打开"按钮，如图2-84所示。

06 用同样的方法，将所有的数字照片素材替换为自己的照片素材，如图2-85所示。

07 同理，也可将其他视频、音频等素材进行替换，以及对文字进行修改。

图2-84

图2-85

08 修改完成后保存项目。单击导览面板中的"播放"按钮，预览应用即时项目模板的效果，如图2-86所示。

图2-86

2.6.2 影音快手

影音快手提供了很多精彩范本，即使是毫无制作基础的用户也可以快速制作出令人惊叹的、出色的影片。

视频文件：视频\第2章\2.6.2影音快手.mp4

实例效果		

01 双击桌面上的"影音快手"图标，或者在图标上单击鼠标右键，执行"打开"命令，如图2-87所示。

图2-87

02 启动程序后的界面如图2-88所示。

图2-88

➡ 提示

在会声会影2018编辑界面中，执行"工具"|"影音快手"命令也可打开"影音快手"界面。

03 在右侧"所有主题"下选择一种主题，如图2-89所示。

图2-89

04 在左侧的预览窗口下单击"播放"按钮，预览主题效果，如图2-90所示。

图2-90

05 预览效果满意后，在界面下方单击"添加媒体"按钮，如图2-91所示。

图2-91

06 进入下一个界面，单击右侧媒体库区域中的"添加媒体"按钮，如图2-92所示。

图2-92

07 在弹出的对话框中选择需要添加的素材，如图2-93所示。

会声会影2018视频编辑与制作

图2-93

08 单击"打开"按钮，素材被添加到媒体库中，如图2-94所示。

图2-94

09 选择素材，单击鼠标右键，可对素材执行旋转、删除等编辑操作，如图2-95所示。

图2-95

10 素材添加完成后，若需要调整

素材顺序，拖动素材则会出现橘黄色的竖线，如图2-96所示，释放鼠标即可调整素材到该位置。

图2-96

11 也可以拖动素材到其他素材上，图片上出现 图标，如图2-97所示，释放鼠标则可对两个素材进行位置替换。

图2-97

12 素材调整完成后，在左侧的预览窗口中单击"播放"按钮，预览效果，如图2-98所示。

图2-98

13 将滑块拖动至字幕范围，或直接单击滑块下方的紫色条，然后单击"编辑标题"按钮，如图2-99所示。

图2-99

14 在预览窗口将原有字幕删除，输入新的字幕，如图2-100所示。

图2-100

15 选中字幕，在右侧打开的"选项"面板中对标题的字体、色彩等参数进行修改，如图2-101所示。

图2-101

16 在预览窗口中直接拖动文字周围的节点，可调节文字的大小及旋转角度，如图2-102所示。

图2-102

17 用同样的方法对其他标题进行编辑。

18 单击"选项"面板中的"添加音乐"按钮，如图2-103所示。

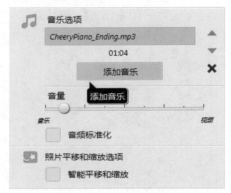

图2-103

19 弹出对话框，选择音乐文件，单击"打开"按钮，如图2-104所示。

图2-104

20 选择"音乐选项"下的原音乐文件，单击"删除"图标，如图2-105所示。

突破平面：会声会影2018视频编辑与制作

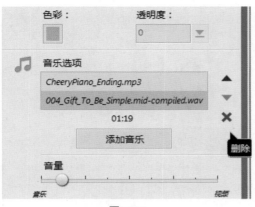

图2-105

21 编辑完成后,单击"选项"按钮关闭"选项"面板,如图2-106所示。

图2-106

22 再次单击预览窗口中的"播放"按钮预览编辑后的效果。

23 单击"保存和共享"按钮,进入第3步操作界面,如图2-107所示。

图2-107

24 在右侧选择文件格式,设置文件名及存储路径,如图2-108所示。

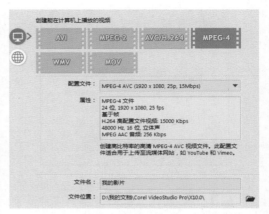

图2-108

25 单击左侧预览窗口下的"保存电影"按钮,如图2-109所示。

图2-109

26 电影开始进行建构,并进行效果播放,如图2-110所示。

图2-110

27 建构完成后弹出提示对话框,单击"确定"按钮,如图2-111所示。

图2-111

28 电影制作完成后，单击"播放您的最新电影"按钮，如图2-112所示。

图2-112

29 弹出"播放"对话框，预览最终效果，如图2-113所示。

30 单击"确定"按钮。然后单击"在VideoStudio编辑"按钮，如图2-114所示。

图2-113

图2-114

31 打开会声会影2018，可对影片进行进一步的编辑。

第3章 视频素材的捕获

素材

视频

在编辑视频前，首先需要捕获视频素材。成功地捕获高质量的视频素材，是会声会影视频剪辑的第一步。在会声会影2018中，能从DV、光盘、摄像机及屏幕中捕获视频。本章将学习捕获视频素材的操作。

3.1 安装与设置1394卡

1394卡是一种最常见的视频采集卡。所谓视频采集卡，是将模拟摄像机、录像机、LD视盘机、电视机输出的视频信号等输出的视频数据或者视频音频的混合数据输入电脑，并转换成电脑可辨别的数字数据，存储在电脑中，成为可编辑处理的视频数据文件。

常见的视频采集卡有两类：一种是带有硬件DV实时编码功能的DV卡，另一种是用软件实现压缩编码的1394卡。1394卡是一种标准的电脑接口卡。

◎ 带有硬件编码的DV卡：可以大大提高DV编辑的速度，可以实时地处理一些特技转换，而且许多此类卡带有MPEG2的压缩功能。

◎ 带有软件编码的1394卡：需要应用软件进行编辑制作，不过在速度方面较慢，但成本比较低。随着CPU的不断提速，该类软卡的性能也会逐渐提升。

3.1.1 安装1394卡

下面介绍如何正确安装1394卡。

01 关闭计算机电源，打开机箱，将1394卡安装在一个空的PCI插槽上。

02 从1394卡包装盒中取出螺丝，将1394卡固定在机箱上。

03 将摄像头的信号线连接到1394卡上。至此，完成了1394卡的硬件安装。

3.1.2 设置1394卡

安装1394卡后，还需要安装1394卡使用的驱动程序、MPEG编码器、解码器等。

01 在Windows操作系统的桌面上用鼠标右键单击"我的电脑"图标，在弹出的快捷菜单中选择"属性"命令，如图3-1所示。

图3-1

图3-2

02 在弹出的对话框中，单击"设备管理器"按钮，如图3-2所示。

03 弹出"设备管理器"窗口，在窗口中可以看到一个"IEEE 1394总线控制器"选项，该选项就是IEEE 1394的驱动程序。

3.2 DV快速扫描

在"DV快速扫描"界面中，可以对视频的捕获区间、捕获格式以及场景检测等进行设置，如图3-3所示。设置完成后，就可以对视频进行捕获并刻录。

预览窗口 ────────────────────── 故事板

时间码
导览面板

设备列表
捕获格式

刻录整个磁带

场景检测

速度

开始扫描 ────────────────────── 标记按钮
选项按钮 ────────────────────── 下一步和关闭按钮

图3-3

下面一一介绍"DV快速扫描"界面中的各项功能。

◎ 预览窗口：预览DV中录制的视频画面。

突破平面·会声会影2018视频编辑与制作 2018

◎ 时间码：显示视频画面在DV中的时间位置。

◎ 导览面板：可对视频进行播放、停止、暂停等操作。

◎ 设备列表：选择刻录设备。

◎ 捕获格式：选择捕获视频的格式，共有两种格式。

◎ 刻录整个磁带：选中该选项，即可刻录整个磁带。

◎ 场景检测：设置场景检测的起始位置，共有两个选项，用户根据需要自行选择。

◎ 速度：设置视频捕获时的速度。

◎ 开始扫描：单击该按钮，执行扫描操作。

◎ 选项按钮：用于扫描后的视频文件在保存时进行格式设置。

◎ 故事板：用于放置扫描到的视频片段。

◎ "标记"按钮：对扫描到的场景进行标记设置。

◎ "下一步"和"关闭"按钮：进行程序的"下一步"或"关闭"操作。

3.3 捕获DV中的视频

制作影片前，首先将视频文件捕获到会声会影2018中才能对其进行编辑，下面介绍捕获DV中视频素材的方法。

3.3.1 设置捕获选项

将DV与计算机进行连接后，启动会声会影2018，单击"捕获"按钮，切换到"捕获"步骤面板，如图3-4所示。

图3-4

在"捕获视频"面板中可设置相应的选项，如区间、来源、格式、捕获文件夹等，如图3-5所示。

图3-5

下面介绍选项面板中各参数的功能及作用。

◎ 区间：用于设置捕获时间长度。单击区间数值，当处于闪烁状态时，单击三角按钮，即可调整设置的时间。在捕获视频时，区间显示当前捕获视频的时间长度，也可预先指定数值，捕获指定长度的视频。

◎ 来源：显示检测到的捕获设备，列出计算机上安装的其他捕获设备。

◎ 格式：提供一个选项列表，可在此选择文件格式，用于保存捕获的视频。

◎ 捕获文件夹：此功能指定一个文件夹，用于保存所捕获的文件。

◎ 捕获到素材库：选择或创建您想要保存视频的库文件夹。

◎ 按场景分割：根据用DV摄像机捕获视频的日期和时间的变化，将捕获的视频自动分割为几个文件。

◎ 选项：显示一个菜单，在该菜单上，可以修改捕获设置。

◎ 捕获视频：将视频从来源传输到硬盘。

◎ 抓拍快照：可将显示的视频帧捕获为照片。

◎ 禁止音频预览：单击该按钮，可以在捕获期间使音频静音。

> **→ 提示**
>
> 在设置捕获文件夹时，需要检查磁盘空间，以便有足够的磁盘空间捕获视频文件。

3.3.2 捕获DV视频

在会声会影2018编辑器中，将DV与计算机相连接，即可进行视频的捕获。下面介绍捕获DV视频的方法。

01 启动会声会影2018，单击"捕获"按钮，切换至"捕获"步骤面板，单击"捕获视频"按钮，如图3-6所示。

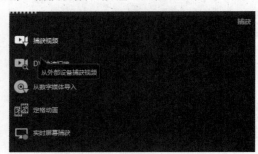

图3-6

02 进入捕获界面，单击"捕获文件夹"按钮，如图3-7所示。

图3-7

03 弹出"浏览文件夹"对话框，选择需要保存的文件夹的位置，如图3-8所示，单击"确定"按钮。

图3-8

04 单击"捕获视频"按钮，开始捕获视频，如图3-9所示。

图3-9

突破平面·会声会影2018视频编辑与制作 2018

05 捕获到需要的区间后，单击"停止捕获"按钮，如图3-10所示。

06 捕获完成的视频文件即可保存到素材库中，切换至编辑步骤，在时间轴中即可对捕获到的视频进行编辑。

图3-10

➡ 提示

在捕获完成后，如果不需要对视频进行编辑，则直接进入指定的保存文件夹，即可查看捕获的视频文件。

3.4 捕获DV中的静态图像

在会声会影中，除了可以捕获视频文件外，还可以捕获静态图像。下面介绍从DV中捕获静态图像的方法。

捕获图像前需要在参数选择对话框中对捕获参数进行设置。

01 启动会声会影2018，执行"设置"|"参数选择"命令，如图3-11所示。

图3-11

02 弹出"参数选择"对话框，单击"捕获"选项卡，如图3-12所示。

03 单击"捕获格式"右侧的三角按钮，在弹出的下拉列表中选择JPEG选项，如图3-13所示。

04 单击对话框下方的"确定"按钮，完成捕获图像参数的设置。

图3-12

图3-13

05 将DV与计算机进行连接，进入会声会影2018编辑器后，切换至"捕获"步骤面板，单击导览面板中的"播放"按钮，如图3-14所示。

图3-14

06 播放至合适的位置后，单击导览面板中的"暂停"按钮，找到需要捕获的画面，如图3-15所示。

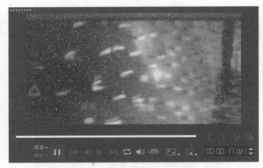

图3-15

07 在"捕获"选项面板中，单击"捕获文件夹"按钮，如图3-16所示。

图3-16

08 在弹出的"浏览文件夹"对话框中选择保存位置，如图3-17所示。

图3-17

09 单击"确定"按钮，在"捕获"选项面板中单击"抓拍快照"按钮，如图3-18所示。

图3-18

10 捕获静态图像完成后，文件会自动保存到素材库中，如图3-19所示。

图3-19

3.5 从其他设备中捕获视频

除了从DV中捕获视频外，还可以从光盘、屏幕等其他设备中捕获视频。本节介绍从其他设备中捕获视频的操作。

3.5.1 捕获光盘中的视频

在会声会影2018中选择"从数字媒体导入"选项即可捕获光盘中的视频。

1. 捕获视频

视频文件：视频\第3章\3.5.1捕获光盘中的视频.mp4

实例效果	

01 启动会声会影2018，单击"捕获"按钮，进入"捕获"面板，如图3-20所示。

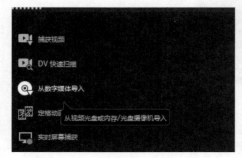

图3-20

02 单击"捕获"面板中的"从数字媒体导入"选项，如图3-21所示。

图3-21

03 弹出"选取'导入源文件夹'"对话框，选择需导入的路径，如图3-22所示。

图3-22

04 单击"确定"按钮，弹出"从数字媒体导入"对话框，单击"起始"按钮，如图3-23所示。

05 打开另外一个对话框，选中素材左上角处的复选框，如图3-24所示。

| 图3-23 | 图3-24 |

06 在工作文件夹后单击"选取目标文件夹"按钮，弹出"浏览文件夹"对话框，设置导出视频的存储路径，如图3-25所示。

07 单击"确定"按钮以关闭对话框。单击"开始导入"按钮，如图3-26所示。

| 图3-25 | 图3-26 |

08 文件开始导入，并显示导入进程，如图3-27所示。

09 弹出"导入设置"对话框，设置参数，如图3-28所示。

| 图3-27 | 图3-28 |

10 单击"确定"按钮，素材即导入到会声会影2018的素材库中，同时插入到时间轴中，可在预览窗口中预览导入的视频素材，如图3-29所示。

图3-29

◎ 预览素材：选择素材后，单击该按钮，则会弹出"预览"对话框，可对选取的素材进行效果预览，如图3-30所示。

图3-30

2. "从数字媒体导入"对话框功能详解

下面一一介绍"从数字媒体导入"对话框中的各功能参数。

◎ 显示视频：仅显示所有的视频文件。
◎ 显示图片：仅显示所有的图片文件。
◎ 显示全部素材：显示包括视频、图片在内的全部素材。
◎ 按源文件排序：将素材以源文件的顺序进行排列。
◎ 按时间排序：将素材以时间的顺序进行排列。
◎ 选取全部素材：将所有素材全部选中。
◎ 清除选取：将选取的素材全部取消。
◎ 反转选取：反选选取，即将没有选中的素材全部选中。
◎ 更改略图大小：通过拖动滑块调整缩略图的大小。

3.5.2 屏幕捕获视频

会声会影可以直接将网络中的游戏竞技、体育赛事捕获下来，并应用于会声会影中进行剪辑、制作及分享。

视频文件：视频\第3章\3.5.2屏幕捕获视频.mp4

效果预览

01 启动会声会影2018，单击"捕获"按钮，切换至"捕获"面板，如图3-31所示。

02 在"捕获"面板中，单击"实时屏幕捕获"按钮，如图3-32所示。

2018

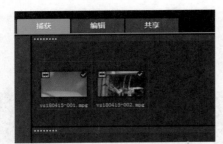

图3-31

图3-32

03 执行操作后，弹出屏幕捕获定界框，如图3-33所示。

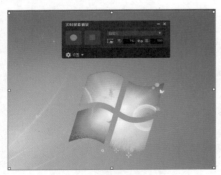

图3-33

04 将光标放在捕获框的四周，当光标变成双向箭头时，拖动光标即可调整捕获框的大小，如图3-34所示。

图3-34

05 用鼠标选中中心控制点，调整捕获框的位置，如图3-35所示。

图3-35

06 单击"设置"右侧的倒三角按钮，查看更多设置，如图3-36所示。

图3-36

07 在弹出的列表中，设置文件名称及文件保存路径，如图3-37所示。

图3-37

08 在"音频设置"选项组中，单击"声效检查"按钮，如图3-38所示。

图3-38

09 单击"记录"按钮，如图3-39所示。试音完成后，单击"停止"按钮。

10 音频开始播放试音效果。播放完成后，关闭"声效检查"窗口。单击"开始录制"按钮，如图3-40所示。

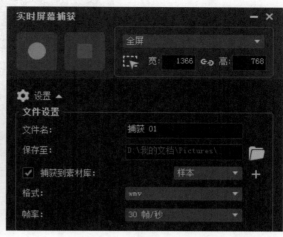

图3-39   图3-40

11 界面3s倒计时过后，开始录制视频。按快捷键F10停止录制，弹出提示对话框，如图3-41所示。

12 单击"确定"按钮。在会声会影2018的素材库中可查看捕获到的屏幕视频，如图3-42所示。

图3-41   图3-42

3.5.3 定格动画

定格动画通过逐格地拍摄对象然后使之连续放映，从而产生仿佛活了一般的人物或你能想象到的任何奇异角色。本节将学习在会声会影中通过定格动画导入视频的操作。

1. 认识定格动画

在"捕获"步骤面板中单击"定格动画"按钮，如图3-43所示，即可打开"定格动画"对话框，如图3-44所示。

图3-43   图3-44

下面介绍定格动画的各部分功能。

◎ 项目名称：用来设置视频的名称。

◎ 捕获文件夹：用来保存文件到指定文件夹中。

◎ 保存到库：选择"样本"或"新建文件夹"来保存影片。

◎ 图像区间：每张图像的播放区间，以帧为单位。

◎ 捕获分辨率：分辨率决定了影片的画面大小及清晰度，用户可以选择设置。

◎ 自动捕获：选择自动捕获选项，程序会在指定频率下自动捕获影像。

◎ 描图纸：可以调整各帧图像的位置，便于精确动画角色的动作及位置。

2. 使用定格动画

定格动画通过简单的操作，可以让一张张照片或图像变成栩栩如生的动画。

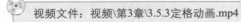

视频文件：视频\第3章\3.5.3定格动画.mp4

01 启动会声会影2018，单击"捕获"按钮，切换至"捕获"面板，如图3-45所示。

02 在"捕获"选项面板中，单击"定格动画"按钮，如图3-46所示。

图3-45

图3-46

03 弹出"定格动画"对话框，单击"导入"按钮，如图3-47所示。

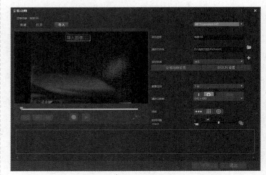

图3-47

04 在弹出的对话框中选择素材，并单击"打开"按钮，如图3-48所示。

05 执行操作后，回到"定格动画"对话框，单击"播放"按钮预览效果，如图3-49所示。

图3-48

图3-49

06 根据需要可调整每帧图像的位置，单击"保存"按钮，如图3-50所示。

07 关闭对话框，在会声会影2018素材库中即新增了定格动画的视频，如图3-51所示。

图3-50

图3-51

2018

08 在预览窗口中可预览定格动画的效果，如图3-52所示。

图3-52

→ 提示

在时间轴中单击"录制/捕获选项"按钮，在弹出的对话框中单击"定格动画"按钮，如图3-53所示，可以快速跳至"定格动画"界面。

图3-53

第4章 素材的管理与编辑

素材

视频

使用会声会影制作个人影片会用到很多种素材，素材的管理与编辑是最基本的操作，包括如何管理素材库、如何编辑视频素材、如何剪辑视频素材、如何编辑图像素材及使用绘图创建器等。

4.1 素材库的管理

在会声会影中，素材库提供了包括视频、照片、音频、转场、标题、图形素材和路径等多种预设素材及效果，善于管理素材库才能在后续的视频编辑中得心应手，事半功倍。

4.1.1 查看素材库

单击素材库中的"媒体""即时项目""转场""标题""图形""滤镜""路径"按钮，可以切换到相应的素材库中。素材库即显示对应的素材。

选择媒体素材库时，素材库中同时显示了视频■、照片■、音频♬3种文件，如图4-1所示。

若只需单独显示或隐藏某种格式的素材文件，可单击这3个按钮。例如单击"隐藏照片"按钮■，此时的图标颜色呈黑白显示，表示素材库中"照片"素材已经隐藏起来；如果再次单击，将重新显示照片素材，如图4-2所示。

素材库右上角的滑块可以控制缩略图显示大小，拖动到最左边时，缩略图为最小显示，即

图4-1

图4-2

72×61，如图4-3所示；拖动到最右边时，缩略图为最大显示，即332×285，如图4-4所示。

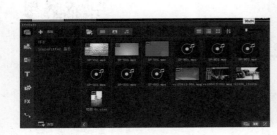

图4-3　　　　　　　　　　　　图4-4

 提示

默认的缩略图显示大小为104×89。

4.1.2　素材显示视图

素材的显示方式有缩略图视图和列表视图两种。

视频文件：视频\第4章\4.1.2素材显示视图.mp4

01 在素材库中素材默认显示方式为缩略图视图 ，单击"隐藏标题"按钮 ，如图4-5所示。

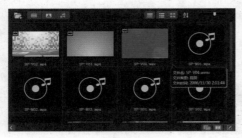

图4-5

02 隐藏标题后仅显示缩略图，效果如图4-6所示。

03 单击"列表视图"按钮 ，素材

库中的素材以列表的方式显示，如图4-7所示。

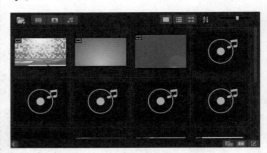

图4-6

图4-7

4.1.3　对素材进行排序

当素材库的素材数量过多时，为方便查找，可通过排序来显示素材。素材库可以按名称、类型、日期排序。

视频文件：视频\第4章\4.1.3对素材进行排序.mp4

图4-10

01 在媒体素材库中，单击"对素材库中的素材排序"按钮，在弹出的列表中选择"按日期排序"选项，如图4-8所示。

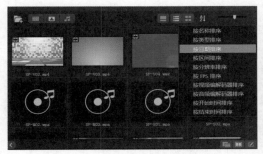

图4-8

02 媒体素材就会根据日期进行排列，如图4-9所示。此外，用户还可以选择按类型或按名称进行排序。

图4-9

03 单击"列表视图"按钮，使素材以列表的方式显示。单击"名称"按钮，列表中的素材就会以名称进行排序，如图4-10所示，再次单击则会以倒序排序。

04 单击"类型"按钮，列表中的素材会以素材的类型进行排序，如图4-11所示。

图4-11

05 同理，单击"日期""区间""分辨率"等按钮，列表中的素材会进行相应的排列。在单击"名称""类型""日期"按钮后会出现向上或向下的三角形，当三角形向上时则为顺序排列，当三角形向下时则为倒序排列。

> **提示**
>
> 当选择相应的选项后，素材的内容不能完整显示时，可以将鼠标放置在两个选项之间进行拖动，如图4-12所示。

图4-12

4.1.4 浏览文件夹

在会声会影2018素材库中单击"浏览"按钮，可以浏览电脑中的素材文件，并可将需要的素材添加到素材库中。

视频文件：视频\第4章\4.1.4浏览文件夹.mp4

01 在素材库左下方单击"浏览"按钮，如图4-13所示。

02 打开计算机中的"库"对话框，可以浏览计算机中的素材，如图4-14所示。

图4-13

图4-14

4.1.5 添加媒体文件

将需要经常使用的媒体素材添加到素材库中，可以方便查找。

视频文件：视频\第4章\4.1.5添加媒体文件.mp4

1．素材库添加

将媒体文件添加到素材库中可方便下次直接调用。

01 在媒体素材库左侧单击"添加"按钮，如图4-15所示。

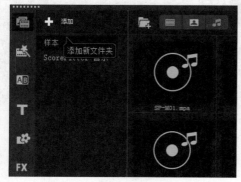

图4-15

02 即可新增一个素材文件夹，可对文件夹进行重命名，如图4-16所示。

图4-16

→ **提示**

若需要删除新增的文件夹，可选择文件夹，单击鼠标右键，执行"删除"命令即可。

03 单击素材库上方的"导入媒体文件"按钮，如图4-17所示。

04 弹出对话框，选择需要导入的素材，单击"打开"按钮，如图4-18所示。

图4-17　　　　　　　　　　　　　　　　　　图4-18

05 选择的素材即已添加到素材库中，如图4-19所示。

图4-19

06 在素材库中单击鼠标右键，执行"插入媒体文件"命令，如图4-20所示，可以再次选择需要的素材并添加到素材库中。

图4-20

2. 菜单添加

单击"文件"选项，在下拉菜单中选择相应的命令可将素材添加到素材库中。

01 执行"文件"｜"将媒体文件插入到素材库"｜"插入照片"命令，如图4-21所示。

图4-21

02 弹出"浏览照片"对话框，选择素材，单击"打开"按钮，如图4-22所示，即可将素材添加到素材库中。

图4-22

→ 提示

将计算机中的文件直接拖到素材库中可以快速添加素材。在制作影片的过程中，也可将添加到时间轴的素材拖到素材库中。

4.1.6 添加色彩素材

在图形素材库中的色彩素材样本十分有限，不能满足我们制作影片的需要，下面将介绍如何添加色彩素材。

视频文件：视频\第4章\4.1.6添加色彩素材.mp4

01 在素材库中单击"图形"按钮，如图4-23所示。

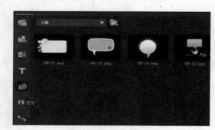

图4-23

02 进入图形素材库中，单击画廊倒三角按钮，选择"色彩"类型，如图4-24所示。

图4-24

03 在色彩素材库中单击"添加"按钮，如图4-25所示。

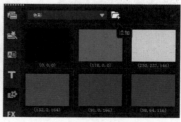

图4-25

04 弹出"新建色彩素材"对话框，在色彩后面的3个文本框中分别输入需要添加颜色的RGB值，左侧色块即会显示相应的颜色，如图4-26所示。

图4-26

05 单击"确定"按钮即可将色彩添加到素材库中。

06 或者在对话框中单击色彩后的色块，在弹出的列表中可以直接选择色盘中的36种颜色，如图4-27所示。

图4-27

07 也可单击"Corel色彩选取器"或"Windows色彩选取器"按钮。这里单击"Corel色彩选取器"按钮，弹出对话框，如图4-28所示。用户可以根据个人需要，选择需要的颜色。

图4-28

08 使用上述多种方法添加选择颜色后，在"新建色彩素材"对话框中单击"确定"按钮，即可将色彩添加到素材库中，如图4-29所示。

图4-29

→ **提示**

添加的色彩素材名称即为该色彩的RGB值。选择素材，单击"选项"按钮，在"选项"面板中可单击色块，再次修改颜色。

4.1.7 删除素材文件

添加到素材库的文件若不再需要，则可将其删除。

💿 视频文件：视频\第4章\4.1.7删除素材文件.mp4

01 选择素材，单击鼠标右键，执行"删除"命令，如图4-30所示。

02 弹出提示对话框，单击"是"按钮即可删除该素材，如图4-31所示。

图4-30

图4-31

→ 提示

选择素材库中不需要的素材，按Delete键可快速将其删除。

4.1.8　重置素材库

当将程序提供的样本素材删除后需要将其恢复，或者需要一次性将添加到素材库中的所有素材全部删除，则可执行"重置素材库"的操作。

 视频文件：视频\第4章\4.1.8重置素材库.mp4

01 在会声会影2018中，执行"设置"|"素材库管理器"|"重置库"命令，如图4-32所示。

图4-32

02 弹出"重置库"提示对话框，单击"确定"按钮，如图4-33所示。

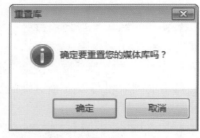

图4-33

03 弹出提示对话框，此时的素材库即已恢复到默认状态，单击"确定"按钮即可，如图4-34所示。

图4-34

4.2　编辑视频素材

在影视作品中，视频编辑经常起到神奇的作用，可以逆转时间，慢动作地播放精彩的画面等，而这一系列的剪辑技巧都让观众体验到了完全不同的视听效果。

会声会影2018拥有强大且专业的视频编辑功能。在编辑视频时，灵巧地运用这些编辑功能可达到事半功倍的效果。

4.2.1　控制视频区间

通常我们将拍摄的视频作为素材时，需要调整其结束的时间。

视频文件：视频\第4章\4.2.1控制视频区间.mp4

实例效果	

01 在会声会影2018的视频轨中单击鼠标右键，执行"插入视频"命令，如图4-35所示。

图4-35

02 弹出对话框，选择视频素材，单击"打开"按钮，如图4-36所示。

图4-36

03 将视频素材添加到视频轨中，如图4-37所示。

图4-37

04 单击"选项"按钮，进入视频"编辑"选项面板，在"视频区间"中可以看到当前的区间，如图4-38所示。

图4-38

05 在区间中单击鼠标，当数值处于闪烁状态时，即可直接输入需要的区间数值，按Enter键确认后如图4-39所示。

图4-39

06 此时，时间轴的视频即已改变区间，如图4-40所示。

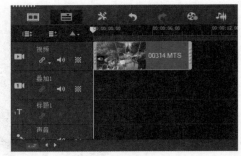

图4-40

4.2.2 旋转视频

有时由于拍摄设备不同，在拍摄时可能会将设备旋转后拍摄，在进行视频剪辑时，就需要将其旋转恢复到正常的方向。

视频文件：视频\第4章\4.2.2旋转视频.mp4

实例效果	

01 将需要旋转的视频拖到会声会影2018视频轨中，如图4-41所示。

02 双击素材，打开视频"编辑"选项面板，单击"向左旋转"按钮，如图4-42所示。

图4-41

图4-42

03 此时的视频即已经恢复到正常方向，如图4-43所示。

图4-43

4.2.3 视频色彩校正

在拍摄视频时，会遇到天气不佳、光线过强等各种情况，致使拍摄出来的效果欠佳。在会声会影2018中，可以通过色彩校正来更改素材的光线及色调，恢复视频的色彩效果。

1. 色彩校正视频

视频文件：视频\第4章\4.2.3视频色彩校正.mp4

实例效果

01 在会声会影2018视频轨中添加需要进行色彩校正的视频素材，原素材效果如图4-44所示。

图4-44

02 进入视频"编辑"选项面板，单击"校正"按钮，如图4-45所示。

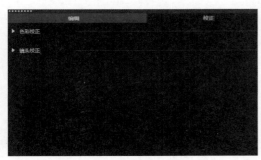

图4-45

03 在展开的面板中，勾选"白平衡"和"自动调整色调"复选框，然后单击"钨光"按钮，如图4-46所示。

04 此时在预览窗口中即可查看调整色调后的效果，如图4-47所示。

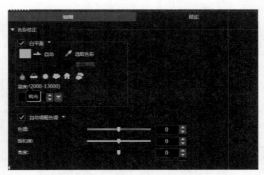

图4-46

图4-47

2. 色彩校正参数详解

下面一一介绍"校正"选项面板中的参数。

● **白平衡**

通常在使用数码摄像机拍摄的时候都会遇到这样的问题：在室内日光灯下拍摄的影像会显得发绿，在室内钨丝灯光下拍摄出来的景物就会偏黄，而在室外日光阴影处拍摄到的照片则莫名其妙地偏蓝，其原因就在于"白平衡"的设置上。通过白平衡可以解决色彩还原和色调处理的一系列问题。

2018

勾选"白平衡"复选框，如图4-48所示。

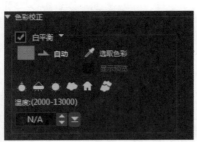

图4-48

下面对白平衡的参数进行介绍。

◎ 自动 ：选中"白平衡"复选框后，程序则自动为素材计算白点，即自动设置白平衡。

◎ 选取色彩 ：单击该按钮后，可手动在预览窗口中选取白平衡基准点。

◎ 显示预览：勾选该复选框后，在右侧面板显示预览帧效果，如图4-49所示。

图4-49

◎ 钨光 ：钨光白平衡也称为"白炽光"或者"室内光"，用于校正偏黄或偏红的画面，一般适用于在钨光灯环境下拍摄的视频或照片素材。

◎ 荧光 ：适用于荧光灯环境下拍摄的素材，使用荧光灯校正的素材画面呈现偏蓝的冷色调。

◎ 日光 ：日光白平衡适用于灯光夜景、日出日落、烟花火焰等情况，可校正色调偏红的素材。

◎ 云彩 ：适用于校正多云天气下拍摄的素材，将昏暗处的光线调至原色状态。

◎ 阴暗 ：应用阴暗白平衡后，素材呈现偏黄的暖色调，适用于校正颜色偏蓝的素材。

◎ 温度：通过输入数值或拖动滑块调整温度值，范围为2 000～13 000。

● 自动调整色调

"自动调整色调"可以增加或减少高光、中间调即阴影区域中的特定颜色，从而改变照片的整体色调。

勾选"自动调整色调"复选框后，可单击右侧的三角按钮，在弹出的列表中选择不同的选项，如图4-50所示。

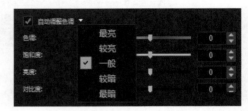

图4-50

下面一一介绍各选项。

◎ 最亮：当素材画面较暗淡时，可以选择该选项，调整素材画面的色彩为高亮显示状态。

◎ 较亮：调整图像的色彩为较亮。

◎ 一般：适合一般光照下的普通图像，调整后的颜色差异较小。

◎ 较暗：适合曝光不是太强的图像，可以弥补曝光缺陷。

◎ 最暗：可以将图像的亮度变暗，使画面呈暗灰色。

● 色调

"色调"用于调整画面的颜色。通过向左或向右拖动"色调"滑块，即可根据颜色条来改变颜色，如图4-51所示。

图4-51

● 饱和度

"饱和度"用于调整画面的色彩鲜艳程度，即纯度。向左拖动"饱和度"滑块时，色彩饱和度降低；向右拖动"饱和度"滑块时，色彩饱和度变大。饱和度越大，颜色越鲜艳；饱和度越小，颜色越暗淡，如图4-52所示。

图4-52

> **➡ 提示**
>
> 将饱和度更改后可通过双击滑块恢复到默认的数值。

- **亮度**

通过拖动"亮度"滑块可以调整画面的明暗。亮度数值越大画面越亮，数值越小画面越暗。

- **对比度**

通过拖动"对比度"滑块可以调整画面的明暗度对比。对比度数值越大，画面对比度越强；对比度数值越小，画面对比度越小。

- **Gamma**

通过拖动Gamma滑块可以调整画面的明暗平衡。

> **➡ 提示**
>
> 单击"重置"按钮 ⊙，可以将所有的滑动条重置为默认值。

4.2.4 调整视频的播放速度

调整视频的播放速度是影视作品中常用的技术手段，如表现来来往往的车辆、匆匆忙忙的人群的快动作播放、武打动作慢放镜头等。通过调整视频的播放速度，不仅能更好地呈现所要表达的意境，还能创造出更为生动有趣的视觉效果。

1. 加快视频播放速度

视频文件：视频\第4章\4.2.4调整视频的播放速度.mp4

实例效果	 

01 在会声会影2018的视频轨中添加视频素材，如图4-53所示。

图4-53

02 打开视频"编辑"选项面板，单击"速度/时间流逝"按钮，如图4-54所示。

图4-54

提示

选择素材，单击鼠标右键，在弹出的快捷菜单中，执行"速度/时间流逝"命令，也可打开"速度/时间流逝"对话框。

03 进入"速度/时间流逝"对话框，直接输入速度值或者向右拖动"速度"下的滑块，如图4-55所示。

图4-55

04 单击"确定"按钮完成设置。此时时间轴上的素材区间发生改变，如图4-56所示。

图4-56

05 单击导览面板上的"播放"按钮，可预览调整速度后的效果。

提示

在时间轴中选择素材，按住Shift键并拖动素材的右端，可以快速调整视频的播放速度。

2. "速度/时间流逝"参数详解

下面一一介绍"速度/时间流逝"对话框中的各项参数。

◎ 原始素材区间：原始素材的区间。

◎ 新素材区间：在新素材区间中设置数值，当设置的数值大于原始区间时，则素材的速度变慢；当设置的数值小于原始区间时，则速度变快。

◎ 帧频率：每秒刷新画面的速度，如果设置帧频率为2，速度保持在100%，画面则会产生闪频的效果。

◎ 速度：用于调整素材的播放速度，数值的范围为10%～1 000%。

◎ 滑轨：显示慢、正常、快3个数值，向左拖动则减慢视频播放速度，向右拖动则加快视频播放速度。

◎ 预览：单击"预览"按钮，可在预览窗口中播放调整视频速度的效果。

4.2.5 变速

变速虽然也是调整视频的播放速度，但与"速度/时间流逝"不同，变速能根据需要分别调整某段区间的速度，也可制作时快时慢的视频效果。

1. 视频的变速

视频文件：视频\第4章\4.2.5变速.mp4

实例效果

01 在会声会影2018的视频轨中添加视频素材，如图4-57所示。

02 进入视频"编辑"选项面板，单击"变速"按钮，如图4-58所示。

图4-57

图4-58

03 弹出"变速"对话框，如图4-59所示。

图4-59

04 将时间滑块拖至8s处，单击"添加关键帧"按钮 ，如图4-60所示。

05 设置"速度"参数为300，如图4-61所示。

图4-60

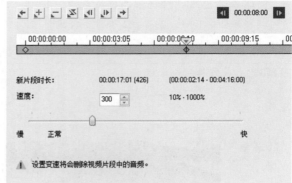

图4-61

06 将时间滑块拖至18s处，添加关键帧并设置速度为600，如图4-62所示。

07 单击"确定"按钮以完成设置，可在预览窗口中预览视频效果。

图4-62

> 📌 **提示**
>
> 设置"变速"后，视频中的音频文件将会自动移除。

2. "变速"参数详解

下面介绍"变速"对话框中各参数的功能。

◎ 跳到上一帧 ：控制播放滑块到上一个关键帧。

◎ 添加关键帧 ：在对话框中时间轨上的 ◇ 为一个关键帧，关键帧是事件的转折点。单击该按钮可以添加一个关键帧。

◎ 删除关键帧 ：将选择的关键帧从时间轨中删除。

◎ 翻转关键帧 ：将关键帧顺序翻转过来。

◎ 向左移动关键帧 ：将关键帧向左移动一帧。

◎ 向右移动关键帧 ：将关键帧向右移动一帧。

◎ 跳到下一个关键帧 ：控制播放滑块到下一个关键帧。

◎ 向左移动一帧 ：将滑块向左移动一帧，则右侧的预览窗口中则显示上一帧的画面。

◎ 向右移动一帧 ：将滑块向右移动一帧，则右侧的预览窗口中则显示下一帧的画面。

◎ 播放 ▶：单击该按钮后，在右侧预览窗口中播放视频效果。

◎ 放大 ▬：放大显示时间轨的视图。

◎ 缩小 ＋：缩小显示时间轨的视图。

◎ 速度：可直接在文本框中输入插入速度的参数，或者通过"速度"下方的滑块来调整播放速度的快慢。

4.2.6 反转视频

在影视剧中，经常会用到反转视频来回放精彩的视频镜头。这种视频编辑技巧对于制作影视作品而言，是不可或缺的。

视频文件：视频\第4章\4.2.6反转视频.mp4

实例效果

01 在会声会影2018的视频轨中添加视频素材，如图4-63所示。

02 展开视频"编辑"选项面板，勾选"反转视频"复选框，如图4-64所示。

图4-63

图4-64

03 单击"播放"按钮，预览反转视频效果，如图4-65所示。

图4-65

4.2.7 抓拍快照

抓拍快照功能可以将视频中的某个画面抓拍下来，生成照片素材。

视频文件：视频\第4章\4.2.7抓拍快照.mp4

实例效果

01 在会声会影2018的视频轨中添加视频素材，如图4-66所示。

图4-66

02 选择素材，拖动时间滑块到合适的位置，执行"编辑"|"抓拍快照"命令，如图4-67所示。

图4-67

03 抓拍的照片素材自动生成并保存到素材库中，如图4-68所示。

图4-68

04 在预览窗口中可预览生成的快照效果如图4-69所示。

图4-69

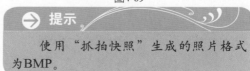

> **提示**
>
> 使用"抓拍快照"生成的照片格式为BMP。

4.2.8 创建智能代理文件

会声会影智能代理功能会自动为高质量视频文件建立低分辨率视频代理，用以在编辑器中读取编辑。

创建智能代理的好处有以下几点。

◎ 对高质量的原始视频进行渲染操作的时候，智能代理功能大大提升了渲染输出的操作速度，节省资源耗费。

◎ 可以在处理高清影片时自动产生低分辨率的影片代替原有影片进行剪辑，在完成剪辑后将所有剪辑效果应用到原有的高清影片上，即使是在电脑配置不是很高的情况下，也可以轻松捕获、录入和剪辑高清影片。

◎ 在编辑过程中，用智能代理智能读取素材库素材，大大提升了编辑操作速度，但对最后的输出质量不会产生影响。

下面介绍如何创建智能代理文件。

视频文件：视频\第4章\4.2.9创建智能代理文件.mp4

01 启动会声会影2018，执行"设置"|"智能代理管理器"|"启用智能代理"命令，即可启用智能代理，如图4-70所示。

02 执行"设置"|"智能代理管理器"|"设置"命令，在打开的"参数选择"对话框中可以设置代理文件大小、代理文件夹等，如图4-71所示。

图4-70

图4-71

03 单击"确定"按钮以完成设置。在视频轨中添加视频素材，如图4-72所示。

图4-72

04 选择素材，单击鼠标右键，执行"创建智能代理文件"命令，如图4-73所示。

图4-73

05 弹出"创建智能代理文件"对话框，如图4-74所示。

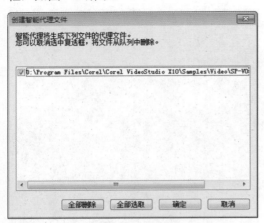

图4-74

06 单击"确定"按钮，时间轴的视频素材上即添加了智能代理的标记，如图4-75所示。

图4-75

07 已经设置了智能代理的文件也可以取消设置。执行"设置"|"智能代理管理器"|"智能代理文件管理器"命令，如图4-76所示。

图4-76

08 在打开的"智能代理管理器"中显示了所有的智能代理文件，选中需要取消的文件前的复选框，单击"删除选择的代理文件"按钮即可，如图4-77所示。

图4-77

4.3 剪辑修整视频素材

拍摄视频时难免会出现晃动、模糊、抖动或杂物入境等意外情况，从而使拍摄出来的画面片段的效果欠佳，而这部分视频通常需要删剪掉。在会声会影2018中，有多种剪辑视频的方法。

4.3.1 通过分割按钮剪辑视频

使用导览面板中的"根据滑轨位置分割素材"按钮 ，可以直接将视频分割为多段。

视频文件：视频\第4章\4.3.1通过分割按钮剪辑视频.mp4

实例效果	

01 在会声会影2018的视频轨中添加视频素材，如图4-78所示。

图4-78

02 在导览面板中，拖动滑轨至合适的位置，如图4-79所示。

图4-79

03 单击"根据滑轨位置分割素材"按钮，如图4-80所示。

图4-80

04 执行操作后，在时间轴中可以看到素材被分割成了两部分，如图4-81所示。

图4-81

05 单击"播放"按钮，分段预览最终效果，将不需要的视频按Delete键删除即可。

➡ 提示

当在时间轴中的不同轨道添加多个素材，且未选中任何素材的情况下，单击"按照滑轨位置分割素材"按钮则会将时间轴中滑轨所在位置的所有素材分割，如图4-82所示。

图4-82

2018

4.3.2 通过修整栏剪辑视频

修整栏是指导览面板中白色的修整标记区域，通过调整修整标记，即可将视频中需要的部分剪辑出来。

视频文件：视频\第4章\4.3.2通过修整栏剪辑视频.mp4

实例效果

01 在会声会影2018的视频轨中添加视频素材，如图4-83所示。

图4-83

02 在导览面板中，将鼠标移动到修剪栏的起始修整柄上，当光标呈 ⟷ 显示时，单击鼠标左键并向右拖动，至合适的位置释放鼠标左键，即可标记开始点，如图4-84所示。

图4-84

03 将鼠标移动至修剪栏的结束修整拖柄上，当光标呈 ⟷ 显示时，单击鼠标左

键并向左拖动，至合适的位置释放鼠标左键，即可标记结束点，如图4-85所示。

图4-85

04 在时间轴中的视频素材即已经剪辑完成，如图4-86所示。

图4-86

提示

将修整标记拖回原来的开始和结束处，即可恢复修整后的视频到原始状态。

4.3.3 通过黄色标记剪辑视频

在会声会影2018的时间轴中选择素材后，素材周围有一个黄色边框，当将光标放置在黄色边框的左右两侧，光标呈箭头显示时，拖动两侧可剪辑出所需的视频区间。

视频文件：视频\第4章\4.3.3通过黄色标记剪辑视频.mp4

实例效果	

01 添加一段视频素材到会声会影2018的视频轨中，如图4-87所示。

图4-87

02 选择视频轨中的视频素材，将鼠标移至视频素材的起始位置。当光标呈双向箭头形状时，单击鼠标并向右拖动，如图4-88所示。

图4-88

03 拖动时，光标下显示出所在的时间位置，至合适位置时释放鼠标，即可标记素材的起始点。

04 用同样的方法，将鼠标移至视频素材的末端位置，单击鼠标并向左拖动，标记素材的结束点，如图4-89所示。

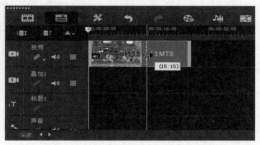

图4-89

05 至此，就将自己需要的视频片段剪辑出来了，如图4-90所示。

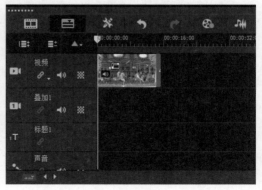

图4-90

4.3.4　通过标记按钮剪辑视频

使用导览面板中的"开始标记" [和"结束标记"] 按钮，会在时间轴上方显示出黄色的标记线，标记线区域即剪辑完成后需要的片段。

视频文件：视频\第4章\4.3.4通过标记按钮剪辑视频.mp4

实例效果
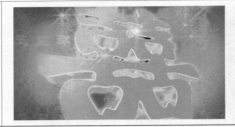

01 在会声会影2018的视频轨中添加视频素材，如图4-91所示。

图4-91

02 移动鼠标至时间轴上方的时间刻度上，此时鼠标呈 形状，如图4-92所示。

图4-92

03 拖动滑块至合适的位置，单击导览面板的"开始标记"按钮，如图4-93所示。

04 这时时间轴上方会出现一条橘红色线，标记视频的开始位置，如图4-94所示。

图4-93

图4-94

05 将滑块拖至合适的位置，单击"结束标记"按钮，如图4-95所示。

06 此时，在时间轴中即可查看剪辑完成后的视频区域，如图4-96所示。

图4-95　　　　　　　　　　　　　　　　图4-96

→ **提示**

　　使用该方法剪辑的视频，是控制播放的视频范围，实际上未将视频进行修剪，输出视频时选择输出预览范围即可。在导览面板中，将修整标记拖动恢复到原来的位置，即可恢复原素材播放区间。

4.3.5　通过快捷菜单剪辑视频

　　除了上述几种剪辑视频素材的方法外，还有一种方法也很常用。

视频文件：视频\第4章\4.3.5通过快捷菜单剪辑视频.mp4

实例效果	 

　　01　在会声会影2018的视频轨中添加视频素材。在时间轴中拖动滑块到合适的位置，然后在素材上单击鼠标右键，执行"分割素材"命令，如图4-97所示。

　　02　此时，视频素材即被分割为两段，如图4-98所示。

图4-97　　　　　　　　　　　　　　　　图4-98

4.3.6 按场景分割视频

"按场景分割"可以根据场景的内容、拍摄的日期和时间分割场景。使用DV拍摄视频时，经常会转换不同的角度和不同的场景。在剪辑时需要将这些不同场景的视频分割出来，使用"按场景分割"功能是最迅速且最准确的。

视频文件：视频\第4章\4.3.5按场景分割视频.mp4

实例效果

01 在会声会影2018的视频轨中插入一段视频文件，如图4-99所示。

图4-99

02 展开视频"编辑"选项面板，单击"按场景分割"按钮，如图4-100所示。

图4-100

03 弹出"场景"对话框，单击"选项"按钮，如图4-101所示。

图4-101

04 在打开的对话框中设置"敏感度"参数为100，如图4-102所示。

图4-102

05 操作完成后单击"确定"按钮。单击"扫描"按钮，如图4-103所示。

图4-103

06 根据视频中场景的变化进行扫描，扫描结束后会按照编号显示出检测出的场景片段，如图4-104所示。

→ **提示**

在"场景"对话框中单击"重置"按钮，可将扫描出来的场景重置为一个场景。

图4-104

07 单击"确定"按钮，视频轨中的视频素材就已经按照场景进行了分割，如图4-105所示。

图4-105

4.3.7 多重修整视频

比起一般的剪辑功能，"多重修整视频"可以实现多段剪辑，也就是说可以把视频中好的部分多段保留下来，方便快捷。

1. 多重修整实例

下面以实例来讲解多重修整的操作。

视频文件：视频\第4章\4.3.7多重修整视频.mp4

实例效果		

01 在会声会影2018的视频轨中插入视频，如图4-106所示。

02 展开视频"编辑"选项面板，单击"多重修整视频"按钮，如图4-107所示。

图4-106

图4-107

03 执行操作后，弹出"多重修整视频"对话框，如图4-108所示。

图4-108

04 在"多重修整视频"对话框中，拖动滑块，单击"开始标记"按钮标记起始位置，如图4-109所示。

图4-109

05 单击预览窗口下方"播放"按钮，查看视频素材，至合适位置后单击"暂停"按钮，如图4-110所示。

图4-110

06 单击对话框右侧的"结束标记"按钮，确定视频的终点位置，如图4-111所示。

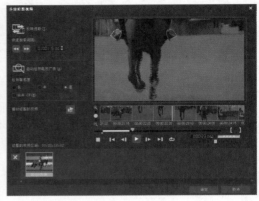

图4-111

07 用同样的方法进行多次修整后，在对话框下方区域显示了修剪出的视频，如图4-112所示。

图4-112

08 单击"确定"按钮以完成多重修整操作。返回会声会影2018操作界面，在时间轴中即可看到已修剪出的视频片段，如图4-113所示。

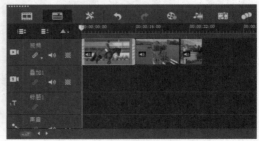

图4-113

09 单击导览面板中的"播放"按钮，即可预览最终效果。

> **提示**
>
> 在会声会影2018中，选择"文件"菜单中的"保存修整后视频"选项，可以将修整剪切处理后的视频保存到素材库里。

2. 多重修整参数详解

下面一一介绍"多重修整视频"对话框中各参数的功能。

◎ 反向全选 ：选择素材片段后，单击该按钮，则会反转选定的视频区域。

◎ 快速搜索间隔：在后方的文本框中输入时间参数，单击"往后搜索"或"往前搜索"按钮，则以该参数为基准，向后或向前移动滑块。

◎ 自动侦测广告 ：单击该按钮，则会弹出"自动侦测广告"对话框，自动检测广告，如图4-114所示。将侦测到的素材添加到下方的素材栏中，并自动在素材上右下角添加属性，显示为字幕C，如图4-115所示。

> **提示**
>
> 选择定义为广告属性的素材，单击鼠标右键，执行"移除素材属性"命令可将素材的属性移除。

图4-114

图4-115

◎ 侦测敏感度：通过低、中、高单选按钮来设置侦测广告的敏感程序。

◎ 合并广告：将侦测出的广告素材合并。

◎ 播放修剪的视频：播放并预览修剪出的视频片段。

◎ 实时预览转轮 ：拖动转轮，可实时预览不同时间段的视频。

◎ 快速前转/快速倒转 ：向前拖动快速倒转，向后拖动快速前转，在预览窗口中显示，如图4-116所示。

◎ 移除选取的素材 ：在下方区域中选取的素材，单击该按钮可将其移除。

图4-116

4.4 编辑图像素材

在视频剪辑过程中，会使用到照片、背景、装饰等一系列的图片素材，本节将介绍对图像素材的编辑操作。

4.4.1 打开素材所在文件夹

对于添加到时间轴中的素材，可以反向查看该素材所在的文件夹。选择视频轨中的素材，单击鼠标右键，执行"打开文件夹"命令，如图4-117所示，即可打开该素材所在的文件夹，如图4-118所示。

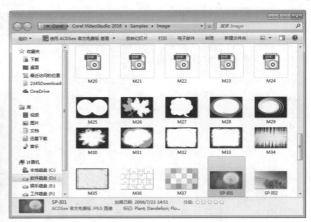

图4-117　　　　　　　　　　　　　图4-118

4.4.2　替换素材

对添加到时间轴中的素材可以进行替换，替换后的素材仍保留原素材的区间、大小或滤镜等属性。

视频文件：视频\第4章\4.4.2替换素材.mp4

实例效果

01 启动会声会影2018，打开项目文件，如图4-119所示。

图4-119

02 选择视频轨中的素材1，单击鼠标右键，执行"替换素材"|"照片"命令，如图4-120所示。

图4-120

突破平面：会声会影2018视频编辑与制作 2018

→ 提示

当需要替换掉的素材为视频文件时，应保证替换的视频素材区间保持一致，否则将会替换失败。

03 弹出对话框，选择素材，单击"打开"按钮，如图4-121所示。

04 替换素材后，时间轴的素材即发生改变，如图4-122所示。在预览窗口中可以预览替换后的效果。

图4-121

图4-122

4.4.3 重新链接素材

当项目时间轴的素材路径或名称等发生改变，则会出现素材链接错误或无法链接的情况，除了前面章节讲到的在"参数设置"对话框中设置自动重新链接素材外，还可以使用菜单中的"重新链接"命令手动链接素材。

视频文件：视频\第4章\4.4.3重新链接素材.mp4

实例效果

01 启动会声会影2018，打开项目文件，如图4-123所示。

02 选择项目时间轴中的素材，执行"文件"|"重新链接"命令，如图4-124所示。

图4-123

图4-126

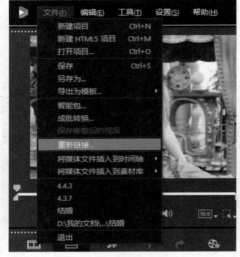

图4-124

03 弹出链接对话框，单击"重新链接"按钮，如图4-125所示。

图4-125

04 弹出对话框，选择需要链接的素材，单击"打开"按钮，如图4-126所示。

05 时间轴中的素材即已经重新链接了，如图4-127所示。

图4-127

06 在预览窗口中预览效果，如图4-128所示。

图4-128

4.4.4　修改默认照片区间

在会声会影2018时间轴轨道上所添加照片的默认区间为3s，用户可以根据自己的需要对默认照片区间进行修改。

突破平面：会声会影2018视频编辑与制作

2018

视频文件：视频\第4章\4.4.4修改默认照片区间.mp4

实例效果		

01 进入会声会影2018，执行"设置"|"参数选择"命令，如图4-129所示。

图4-129

02 弹出"参数选择"对话框，单击"编辑"选项卡，此时的"默认照片/色彩区间"为3秒（s），如图4-130所示。

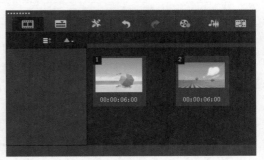

图4-130

03 在"默认照片/色彩区间"文本框中输入"6"，如图4-131所示。单击"确定"按钮以完成设置。

图4-131

04 切换故事板视图，添加图像素材，此时素材下方显示图像素材自定义的区间，如图4-132所示。

图4-132

4.4.5 调整素材区间

将素材添加到时间轴中后，还可以对其区间进行调整。

视频文件：视频\第4章\4.4.5调整素材区间.mp4

实例效果

01 在会声会影2018的故事板视图中添加图像素材，如图4-133所示。

图4-133

02 选择一个素材，打开照片"编辑"选项面板，在"区间"中单击鼠标，使光标处于闪烁状态，然后输入需要修改的区间参数，如图4-134所示。

03 设置完成后按Enter键，即调整了素材的区间，如图4-135所示。

图4-134

图4-135

> **提示**
>
> 执行"编辑"|"更改照片/色彩区间"命令，可在打开的对话框中修改照片区间。

4.4.6 批量调整播放时间

制作视频的过程中，会使用到大量的照片素材，若逐个修改区间会费时费力，这时就可以先选择需要修改相同区间的素材，然后批量修改其播放时间。

视频文件：视频\第4章\4.4.6批量调整播放时间.mp4

实例效果

01 在故事板视图中添加多个图像素材，按住Shift键并单击鼠标选中要调整的多个素材，如图4-136所示。

02 单击鼠标右键，执行"更改照片区间"命令，如图4-137所示。

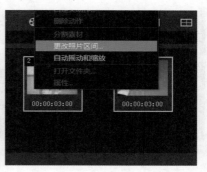

图4-136　　　　　　　　　　　　　　　　　图4-137

提示

在会声会影2018的时间轴中，不能使用Ctrl键选择不连续的多个素材。

03 在弹出的"区间"对话框中，修改时间为"0:0:6:0"，如图4-138所示。

04 修改完成后单击"确定"按钮，在缩略图下方就可以看到被修改的素材区间，如图4-139所示。

图4-138　　　　　　　　　　　　　　　　　图4-139

4.4.7　素材的显示方式

前面章节讲过在时间轴中的素材有3种不同的显示方式，下面来介绍如何修改素材的显示方式。

视频文件：视频\第4章\4.4.7素材的显示方式.mp4

实例效果		

01 启动会声会影2018，在视频轨中单击鼠标右键，执行"插入照片"命令，添加两个素材，如图4-140所示。

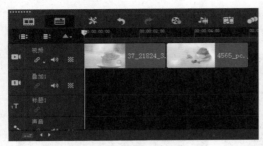

图4-140

02 执行"设置"|"参数选择"命令，如图4-141所示。

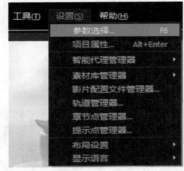

图4-141

03 弹出"参数选择"对话框，单击"素材显示模式"右侧的倒三角按钮，

在弹出的下拉列表框中选择"仅略图"选项，如图4-142所示。

图4-142

04 单击"确定"按钮，在时间轴中即可显示图像的略图，如图4-143所示。

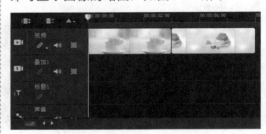

图4-143

4.4.8 调整素材顺序

在项目时间轴中添加的素材按先后顺序播放，那如何调整素材的顺序呢？下面介绍。

视频文件：视频\第4章\4.4.8调整素材顺序.mp4

实例效果	 

01 在视频轨中添加两张素材图片，如图4-144所示。

图4-144

02 选择第一个素材，单击鼠标左键，将其拖动到第二个素材后方，如图4-145所示。

图4-145

03 释放鼠标，即可调整第一个素材的位置，如图4-146所示。

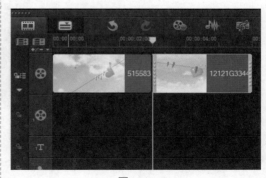

图4-146

> **提示**
>
> 添加到会声会影2018视频轨中的素材必须从0s开始，因此，无法在视频轨起始处留白。

4.4.9 复制素材

复制时间轴中的素材，除了使用Ctrl+C快捷键外，还可以使用快捷菜单命令。

视频文件：视频\第4章\4.4.9复制素材.mp4

实例效果	

01 在会声会影2018的视频轨中添加素材，如图4-147所示。

图4-147

02 选择素材，单击鼠标右键，执行"复制"命令，如图4-148所示。

图4-148

03 执行命令后，光标即如图4-149所示。移动光标到需要粘贴素材的位置，单击鼠标即可，如图4-150所示。

图4-149   图4-150

4.4.10　查看素材属性

在会声会影中可以查看添加到时间轴中素材的属性，包括素材的宽度、高度、分辨率、名称、大小等。

视频文件：视频\第4章\4.4.10查看素材属性.mp4

| 实例效果 | 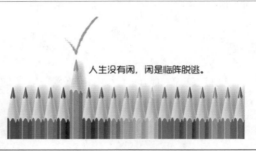 |

01 选择会声会影2018时间轴中的素材，单击鼠标右键，执行"属性"命令，如图4-151所示。

02 弹出"属性"对话框。在该对话框中包含了当前素材的所有属性，如图4-152所示。

图4-151   图4-152

4.4.11 素材变形与恢复

添加到视频轨中的素材可以进行变形，下面将介绍具体方法。

视频文件：视频\第4章\4.4.11素材的变形与恢复.mp4

| 实例效果 |  |

01 在会声会影视频轨中添加照片素材，如图4-153所示。

图4-153

02 在"时间轴"面板中选择照片素材，在预览窗口中，素材四周显示了变形的定界框，如图4-154所示。

图4-154

03 其中橙色的节点可以调整素材的大小，绿色的节点可以调整素材的形状。

将鼠标放置于节点上，调整素材的大小与形状，如图4-155所示。

图4-155

04 需要将变形的素材恢复，可在预览窗口中单击鼠标右键，执行"重置变形"命令，如图4-156所示。

图4-156

05 需要恢复素材到默认大小，在预览窗口中单击鼠标右键，执行"默认大小"命令即可，如图4-157所示。

2018

图4-157

4.4.12 调整素材到屏幕大小

由于素材的宽高比不同，添加到项目时间轴后，在预览窗口显示的大小不统一，可以将其统一调整到屏幕大小。当然，除了需要在视频周围留下黑色边框外。

视频文件：视频\第4章\4.4.12调整素材到屏幕大小.mp4

实例效果

01 在会声会影2018的视频轨中添加素材，如图4-158所示。

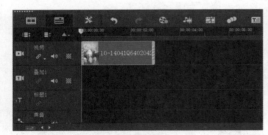

图4-158

02 选择素材。

03 在预览窗口中单击鼠标右键，执行"调整到屏幕大小"命令，如图4-159所示。

04 再次单击鼠标右键，执行"保持宽高比"命令，如图4-160所示。

图4-159

图4-160

05 拖动素材的显示范围，最终效果如图4-161所示。

图4-161

4.4.13　素材的重新采样

添加素材到时间轴中后，在选项面板中可以设置其重新采样选项。

视频文件：视频\第4章\4.4.13素材的重新采样.mp4

实例效果	

01 在会声会影2018的视频轨中添加照片素材，在预览窗口中预览效果，如图4-162所示。

图4-162

02 选择素材，单击鼠标右键，执行"打开选项面板"命令。

03 进入选项面板，在"重新采样选项"下拉列表中共提供了3种选项，如图4-163所示。

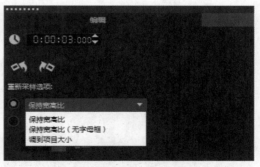

图4-163

下面对各项参数进行解释。

◎ 保持宽高比：素材的默认选项，选择该选项，素材的大小不发生改变。

◎ 保持宽高比（无字母框）：将素材调整到屏幕大小，并使素材保持宽高比，如图4-164所示。

◎ 调到项目大小：将素材调整到屏幕大小，选择该选项后，素材会发生变形，如图4-165所示。

图4-164

图4-165

4.4.14 镜头的摇动和缩放

在专业影片中，常常会看到推、拉、摇、移的镜头。在会声会影2018中，可以利用镜头的摇动和缩放功能轻松实现这种效果。该功能可以模拟相机的移动和变焦效果，使静态的图片动起来，以增强画面的动感，也能聚焦某一镜头，实现画面的特写。

1. 应用摇动和缩放

视频文件：视频\第4章\4.4.14镜头的摇动和缩放.mp4

实例效果		

01 在会声会影2018的视频轨中添加照片素材，如图4-166所示。

图4-166

02 展开选项面板，单击"摇动和缩放"单选按钮，如图4-167所示。

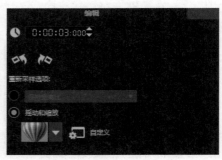
图4-167

03 单击"自定义"按钮左侧的倒三角按钮，在弹出的预览列表中选择需要的效果，如图4-168所示。

04 单击"自定义"按钮，如图4-169所示。

图4-168   图4-169

05 弹出"摇动和缩放"对话框，如图4-170所示。

图4-170

06 在左侧原始窗口中，将鼠标放置在黄色节点上，调小定界框，并调整位置，如图4-171所示。

07 拖动时间滑块到2s的位置，单击鼠标右键，执行"插入"命令，如图4-172所示，插入一个关键帧。

图4-171   图4-172

08 在左侧的原始窗口中调整定界框大小及位置，如图4-173所示。

09 将时间滑块拖至最后一个关键帧处，在原始窗口中调整定界框的大小与位置，如图4-174所示。

图4-173

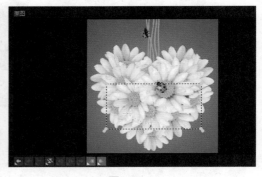

图4-174

10 单击"确定"按钮以完成设置。在预览窗口中预览镜头摇动和缩放的效果。

> **提示**
>
> 在会声会影2018中，摇动和缩放功能只能应用于图像素材。它可以制作图像的运动效果，使影片变得生动，也可以通过局部放大起到提示主题的作用，还可以利用快速的缩放动作产生比较强烈的视觉冲击。

2. 镜头摇动和缩放参数详解

"镜头摇动和缩放"对话框中的部分参数与前面讲到的其他对话框中的参数相同，下面对此对话框一些特有的参数进行介绍。

◎ 播放速度 ⬜：单击该按钮，在弹出的快捷菜单中可以选择速度，包含了常规、快、更快、最快4个选项。

◎ 网格线：勾选该复选框，则会在原始窗口中显示网格，以作为镜头移动的参考线。

◎ 网格大小：拖动滑块或直接输入数值来控制网格的大小，10%时网格最小，100%时网格最大。

◎ 靠近网格：勾选该复选框后，移动的素材则会自动贴近网格。

◎ 停靠：在停靠的按钮组中单击不同的按钮，以调整预览窗口中显示框的停靠位置。

◎ 缩放率：通过设置缩放率来调整定界框的大小。

◎ 透明度：设置当前关键帧中的素材透明度。当透明度为0%时素材不透明，当透明度为100%时素材全透明。

◎ 无摇动：选中该复选框后，素材效果即为静止。

◎ 背景色：单击该按钮后，鼠标变成吸管形状，可在原始窗口中吸取颜色作为背景色；或者单击颜色后的色块，在弹出的列表中选择不同的颜色。

3. 自动摇动和缩放

在视频轨中添加照片素材，单击鼠标右键，执行"自动摇动和缩放"命令，或者执行"编辑"|"自动摇动和缩放"命令，如图4-175所示，即可为素材添加自动摇动和缩放效果。

图4-175

4.5 绘图创建器

绘图创建器是创建动画效果的工具，将个人化签名、素材线稿绘制的过程记录下来生成动画视频，并在会声会影中应用。

4.5.1 认识绘图创建器

启动会声会影2018，执行"工具"|"绘图创建器"命令，如图4-176所示，即可弹出"绘图创建器"对话框，如图4-177所示。

图4-176

图4-177

下面一一介绍"绘图创建器"对话框中的各项功能。

1. 设置笔刷大小

在对话框的左上角可以通过设置笔刷宽度和笔刷高度调整笔刷大小，单击"宽度和高度均相等"按钮，可同时按比例调整笔刷宽度和高度。

2. 选择笔刷类型

在对话框上方提供了11个笔刷类型，包括画笔、喷枪、炭笔、蜡笔、粉笔、铅笔、标记、油画、微粒、水滴和硬毛笔。

3. 设置笔刷类型参数

每个笔刷右下角都有一个设置按钮，单击该按钮，则可以对该笔刷的角度、柔化边缘、透明度等参数进行设置。

4. 设置笔刷颜色

单击"色彩选取器"图标，在弹出的列表中可选择"Corel色彩选取器"和"Windows色彩选取器"或预设颜色，如图4-178所示。或者单击"色彩选取器"按钮，然后在左边的色盘上吸取颜色，也可修改笔刷的颜色，如图4-179所示。

图4-178

图4-179

5. 设置笔刷纹理

单击"纹理选项"按钮可在弹出的列表中选择"纹理"选项。选择纹理后，画笔绘制的图像即添加了相应的纹理效果。

6. 设置橡皮擦

单击"橡皮擦模式"按钮后可将笔刷切换至橡皮擦，在预览窗口中可使用橡皮擦擦除绘制的图形。

或者单击"清除预览窗口"按钮可将预览窗口中所绘制的图像全部擦除。

7. 设置预览窗口大小

单击"放大"按钮或"缩小"按钮可以放大或缩小预览窗口。放大或缩小预览窗口后，单击"实际大小"按钮，可将预览窗口恢复到实际大小。

8. 设置背景图像

单击"背景图像选项"按钮可在弹出的对话框中设置背景图像，如图4-180所示。拖动"背景图像选项"按钮滑块后，可设置预览窗口背景图像的透明度。

图4-180

9. 撤销与取消复原

单击"撤销"按钮或"取消复原"按钮可在绘画过程中进行撤销和恢复撤销的操作。

10. 录制

单击"开始录制"按钮则可以对绘制的过程进行录制，单击"停止录制"按钮即完成录制。

11. 设置画廊条目

录制完成的条目保存到右侧画廊中，

单击"播放选中的画廊条目"按钮▶可在预览窗口中播放预览条目动画；单击"删除选择的画廊条目"按钮▩可删除当前选择的条目；单击"更改选择的画廊区间"按钮◉，可在弹出的"区间"对话框中修改该条目的区间参数，如图4-181所示。

图4-181

12. 设置参数选择

单击对话框下方的"参数选择"按钮▩，在弹出的"偏好设定"对话框中可对各参数进行设置，如图4-182所示。

图4-182

13. 设置"动画"或"静态"模式

单击对话框下方的"更改为'动画'或'静态'模式"按钮▩，可选择绘制动画视频或静态图片。

4.5.2 使用绘图创建器

了解了绘图创建器以后，操作起来就更加得心应手了，下面开始使用绘图创建器创建动画。

视频文件：视频\第4章\4.5.2 使用绘图创建器.mp4

实例效果	

01 启动会声会影2018，执行"工具"|"绘图创建器"命令，如图4-183所示。

02 弹出"绘图创建器"对话框，如图4-184所示。

图4-183

图4-184

03 在"绘图创建器"对话框的笔刷类型中,单击"画笔"图标,选择笔刷类型,如图4-185所示。

04 单击该笔刷右下角的按钮,设置"笔刷角度""柔化边缘""透明度",如图4-186所示,然后单击"确定"按钮。

图4-185

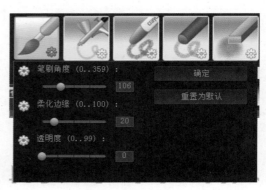
图4-186

05 在对话框的左上方单击"宽度和高度均相等"按钮,然后通过调整笔刷宽度和笔刷高度设置笔刷大小,如图4-187所示。

> ➡ **提示**
>
> 在设置完笔刷参数后,如果想恢复为默认设置,可以单击该笔刷图标右下角的按钮,在展开的设置面板中单击"重置为默认"按钮。

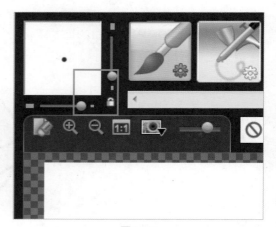
图4-187

06 在颜色面板中通过色彩选取工具选取笔刷颜色,如图4-188所示。

07 单击"背景图像选项"按钮,打开"背景图像选项"对话框,单击"自定图像"单选按钮,如图4-189所示。

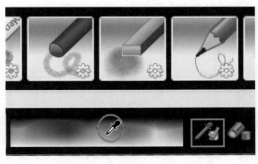

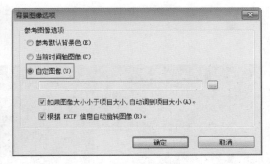

图4-188   图4-189

08 选择准备的背景素材，如图4-190所示，然后单击"确定"按钮关闭窗口。

09 调整预览窗口的大小，然后单击"开始录制"按钮开始绘制，如图4-191所示。

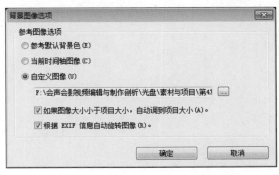

图4-190   图4-191

10 绘制完成后，单击"停止录制"按钮。单击"更改选择的画廊区间"按钮，在打开的"区间"对话框中设置素材的"区间"参数为15s，如图4-192所示，单击"确定"按钮以完成操作。

11 单击"绘图创建器"对话框下方的"确定"按钮，开始渲染，如图4-193所示。

图4-192   图4-193

> **提示**
>
> 设置绘图创建器中的条目区间的参数范围为1~15s。

12 当渲染完成后，绘制完成的动画自动保存到素材库中，如图4-194所示。

13 在导览面板中单击"播放"按钮，预览效果，如图4-195所示

图4-194

图4-195

第5章 滤镜特效的巧妙应用

素材

视频

滤镜是利用数字技术处理图像，以获得类似电影或电视节目中出现的特殊效果。视频滤镜可以将特殊的效果添加到视频或图像中，用以改变素材的样式或外观，给人很强的视觉冲击。

5.1 滤镜的基本操作

在制作视频影片时，给影片加上一些滤镜特效，能给观众带来耳目一新的感觉。下面介绍会声会影2018中滤镜的添加、替换、删除、自定义等基本操作。

5.1.1 为素材添加滤镜

为素材添加滤镜的方法十分简单，下面介绍具体方法。

视频文件：视频\第5章\5.1.1为素材添加滤镜.mp4

实例效果

01 启动会声会影2018，在视频轨中添加素材，如图5-1所示。

02 单击素材库中的"滤镜"按钮，进入"滤镜"素材库，如图5-2所示。

图5-1

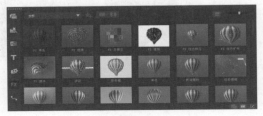

图5-2

03 在"滤镜"素材库画廊下选择"全部"选项，如图5-3所示。

图5-3

04 在"全部"素材库中选择任意滤镜，这里选择的是"翻转"滤镜，如图5-4所示。

图5-4

05 单击鼠标将其拖动到时间轴中的素材上即可添加滤镜，添加滤镜后的素材上显示 **FX** 标记，如图5-5所示。

图5-5

06 在预览窗口中预览添加滤镜后的素材效果，如图5-6所示。

图5-6

5.1.2　替换滤镜

添加滤镜后可使用其他滤镜进行替换，下面介绍替换滤镜的操作方法。

视频文件：视频\第5章\5.1.2替换滤镜.mp4

实例效果

01 启动会声会影2018，执行"文件"|"打开项目"命令，打开项目文件，如图5-7所示。

02 选择视频轨中的素材，单击"选项"按钮，在选项面板的滤镜列表中显示了当前应用的滤镜效果，如图5-8所示。

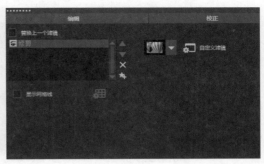

图5-7   图5-8

03 选中"替换上一个滤镜"复选框，如图5-9所示。

04 单击"滤镜"按钮，在滤镜素材库中选择其他滤镜，如图5-10所示。

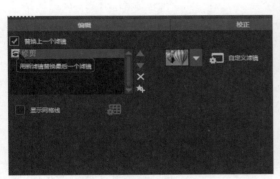

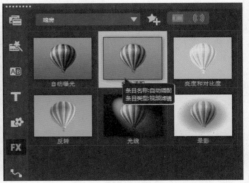

图5-9   图5-10

05 将其拖动到视频轨中的素材上；再次进入"选项"面板，此时在滤镜列表中的滤镜即已经替换，如图5-11所示。

06 在预览窗口中可预览替换滤镜后的效果，如图5-12所示。

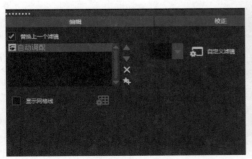

图5-11   图5-12

5.1.3 添加多个滤镜

在会声会影2018中可以为一个素材添加5个滤镜，下面介绍为素材添加多个滤镜的方法。

视频文件：视频\第5章\5.1.3添加多个滤镜.mp4

实例效果

01 在会声会影2018的视频轨中添加素材，预览效果，如图5-13所示。

图5-13

02 单击"选项"按钮，进入选项面板，取消"替换上一个滤镜"复选框的选中状态，如图5-14所示。

图5-14

03 单击"滤镜"按钮，进入滤镜素材库，依次选择"细节增强"滤镜、"色

调"滤镜、"色调和饱和度"滤镜，并将其添加到视频轨中的素材上。

04 在选项面板的滤镜列表中显示了所添加的滤镜，如图5-15所示。

图5-15

05 在导览面板中单击"播放"按钮，可预览添加多个滤镜后的效果，如图5-16所示。

图5-16

5.1.4 删除滤镜

可以将已添加的滤镜删除，下面介绍删除滤镜的方法。

突破平面：会声会影2018视频编辑与制作

2018

| 实例效果 | 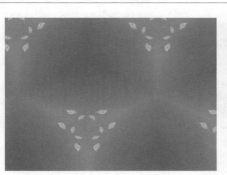 |  |

01 启动会声会影2018，打开项目文件，在预览窗口中预览效果，如图5-17所示。

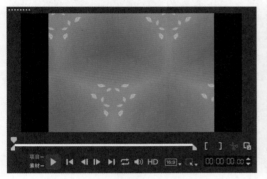

图5-17

02 在"选项"面板中"滤镜"列表下显示了素材所应用的滤镜，如图5-18所示。

图5-18

03 选择滤镜，单击滤镜列表框右

下角的"删除滤镜"图标，如图5-19所示，即可删除滤镜。

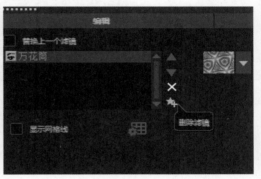

图5-19

04 删除滤镜后，在预览窗口中可预览删除滤镜后的效果，如图5-20所示。

图5-20

5.1.5　隐藏与显示滤镜

对应用在素材上的滤镜进行隐藏或显示的操作，通过隐藏或显示滤镜能实时对比应用滤镜的前后效果。

实例效果

01 启动会声会影2018，打开项目文件，在预览窗口中预览效果，如图5-21所示。

02 在选项面板中单击滤镜列表中滤镜前的眼睛图标，如图5-22所示。

图5-21

图5-22

03 此时的滤镜将隐藏，滤镜前的眼睛图标也隐藏起来，如图5-23所示。

04 再次单击该图标，则可显示滤镜，在预览窗口中可查看应用滤镜的前后对比效果，如图5-24所示。

图5-23

图5-24

5.1.6 选择滤镜预设效果

为素材添加滤镜后，选项面板中提供了多种该滤镜的预设效果，用户可以直接选择使用。

视频文件：视频\第5章\5.1.6选择滤镜预设效果.mp4

实例效果

01 启动会声会影2018，在视频轨中添加素材，如图5-25所示。

图5-25

02 单击"滤镜"按钮，在滤镜素材库中选择需要的滤镜效果，这里选择的是"星形"滤镜，如图5-26所示。

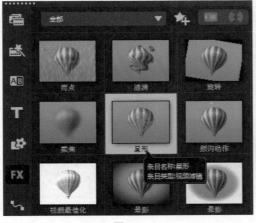

图5-26

03 将其拖动到视频轨中的素材上。单击"选项"按钮，进入选项面板，单击预设效果的倒三角按钮，如图5-27所示。

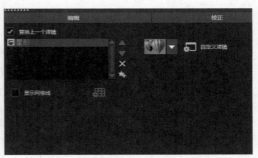

图5-27

04 在打开的列表中选择需要的预设效果，如图5-28所示。

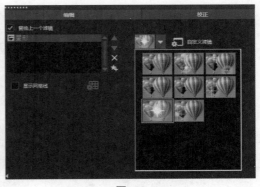

图5-28

05 在导览面板中单击"播放"按钮，可预览使用预设滤镜后的效果。

5.1.7　自定义滤镜

对于添加到素材上的滤镜，可以通过设置自定义效果来达到自己需要的效果。

视频文件：视频\第5章\5.1.7自定义滤镜.mp4

实例效果

01 启动会声会影2018，在视频轨中添加素材，预览效果，如图5-29所示。

02 单击"滤镜"按钮，在画廊下选择"自然绘画"选项，然后选择"自动草绘"滤镜，如图5-30所示。

图5-29 　　　　　　　　　　　　　　　　　　图5-30

03 将其拖动到视频轨中的素材上。在选项面板中单击"自定义滤镜"按钮，如图5-31所示。

04 弹出"自动素描"对话框，如图5-32所示。

图5-31 　　　　　　　　　　　　　　　　　　图5-32

05 在"原始"窗口中调整定界框，以确定绘画开始区域；然后调整精确度、宽度、阴暗度、进度等参数，选中"显示画笔"复选框，如图5-33所示。

06 拖动时间滑块，在右侧预览窗口中预览效果，设置合适的参数后，单击"确定"按钮，如图5-34所示。

07 单击导览面板中的"播放"按钮，可预览自定义滤镜后的最终效果。

图5-33 图5-34

> **提示**
>
> 下面一一介绍"自动素描"对话框中的各个参数。

◎ 精确度：用于设置绘制的精准度。

◎ 宽度：用于设置绘制线条的宽度。

◎ 阴暗度：用于设置绘制的阴影程度。

◎ 进度：用于设置绘制的进度，进度为1时画面为空白，进度为100时为完整的画面效果。

◎ 色彩：单击色块，在弹出的列表中可以选择绘制的线条颜色。

◎ 显示画笔：在绘制的过程中显示画笔。

5.1.8 收藏滤镜

将常用的滤镜添加到收藏夹可方便下次使用。

> 视频文件：视频\第5章\5.1.8收藏滤镜.mp4

01 启动会声会影2018，在滤镜素材库中选择滤镜，单击鼠标右键，执行"添加到收藏夹"命令，如图5-35所示。

02 或者单击素材库上方的"添加到收藏夹"按钮，如图5-36所示。

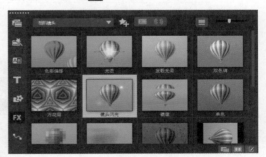

图5-36

03 单击画廊的倒三角按钮，在下拉列表中选择"收藏夹"选项，如图5-37所示。

04 进入收藏夹即可查看添加到收藏夹中的滤镜，如图5-38所示。

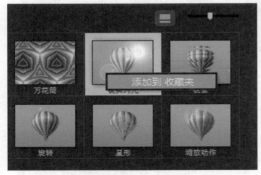

图5-35

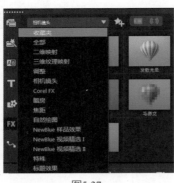
图5-37

图5-38

5.2 常用精彩滤镜

在影视剧中经常用到的特效，在会声会影中可以使用滤镜轻松实现。常用的滤镜有很多，下面选择其中的几种进行详细介绍。

5.2.1 修剪滤镜

修剪滤镜通常可作影片开场或闭幕的效果，或者确定一个裁剪区域，仅显示该区域内的视频画面。下面介绍修剪滤镜的使用。

视频文件：视频\第5章\5.2.1修剪滤镜.mp4

实例效果	 

01 在会声会影2018的视频轨中添加素材，如图5-39所示。

图5-39

02 进入照片"编辑"选项面板，在"重新采样选项"下选择"保持宽高比（无字母框）"选项，如图5-40所示。

图5-40

03 单击"滤镜"按钮，选择"修剪"滤镜，如图5-41所示，将其添加到视频轨中的素材上。

图5-41

04 进入选项面板，单击"自定义滤镜"按钮左侧的倒三角按钮，在弹出的预设效果列表中选择第4个预设效果，如图5-42所示。

图5-42

05 单击"自定义滤镜"按钮，如图5-43所示。

图5-43

06 弹出"修剪"对话框，如图5-44所示。

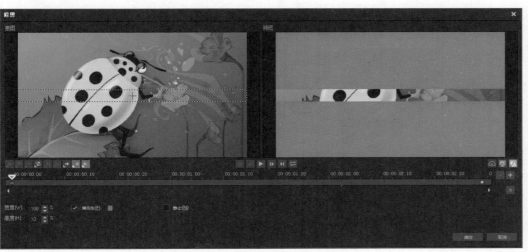

图5-44

07 单击填充颜色后面的色块，在弹出的对话框中选择白色，如图5-45所示。

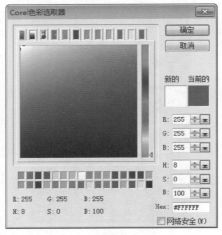

图5-45

08 在右侧的预览窗口中预览效果，然后单击"确定"按钮以完成设置，如图5-46所示。

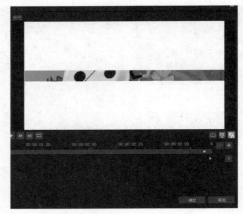

图5-46

09 单击导览面板中的"播放"按钮，可预览添加修剪滤镜后的效果，如图5-47所示。

图5-47

5.2.2 局部马赛克滤镜

新闻采访中经常会用到马赛克效果，以保护受访者的隐私。在会声会影2018中可以使用"局部马赛克"滤镜实现马赛克效果。

视频文件：视频\第5章\5.2.2局部马赛克滤镜.mp4

实例效果

01 启动会声会影2018，在视频轨中添加素材，如图5-48所示。

02 进入照片"编辑"选项面板，在"重新采样选项"下选择"保持宽高比（无字母框）"选项，如图5-49所示。

图5-48

图5-49

03 单击"滤镜"按钮,选择"局部马赛克"滤镜,如图5-50所示,将其添加到视频轨中的素材上。

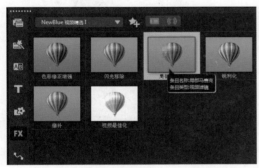

图5-50

→ 提示

如果是视频素材,需要马赛克的对象是移动的,可以在不同的时间创建关键帧,调整不同的位置与大小参数。

04 进入照片"编辑"选项面板,单击"自定义滤镜"按钮,如图5-51所示。

图5-51

05 弹出对话框,拖动滑块到第一帧的位置,调整中心的位置,然后分别调整宽度、高度和块大小参数,通过右侧的预览窗口预览效果,如图5-52所示。

图5-52

06 拖动滑块至第2帧,设置同样的参数,单击"行"按钮以完成设置。

07 单击导览面板中的"播放"按钮,可预览效果,如图5-53所示。

图5-53

5.2.3　镜头闪光滤镜

通过"镜头闪光"滤镜可以模拟太阳光照的效果。下面介绍镜头闪光滤镜的使用。

视频文件：视频\第5章\5.2.3镜头闪光滤镜.mp4

实例效果

01 启动会声会影2018，在视频轨中添加素材，如图5-54所示。

图5-54

02 进入照片"编辑"选项面板，在"重新采样选项"下选择"保持宽高比（无字母框）"选项，如图5-55所示。

图5-55

03 单击"滤镜"按钮，选择"镜头闪光"滤镜，如图5-56所示，将其添加到视频轨中的素材上。

04 在选项面板中单击"自定义滤镜"按钮左侧的倒三角按钮，在弹出的预设效果中选择一种合适的效果，如图5-57所示。

图5-56

图5-57

05 单击"自定义滤镜"按钮，如图5-58所示。

图5-58

06 弹出"镜头闪光"对话框，在"原图"窗口中调整十字中心点的位置，如图5-59所示。

图5-59

07 单击"确定"按钮以完成设置，在导览面板中单击"播放"按钮，预览滤镜效果，如图5-60所示。

图5-60

5.2.4 视频摇动和缩放滤镜

视频摇动和缩放可以模拟镜头的推、拉、摇、移效果。下面介绍视频摇动和缩放滤镜的使用。

视频文件：视频\第5章\5.2.4视频摇动和缩放滤镜.mp4

实例效果	 

01 在会声会影2018的视频轨中添加素材，如图5-61所示。

图5-61

02 进入照片"编辑"选项面板，在"重新采样选项"下选择"保持宽高比（无字母框）"选项，如图5-62所示。

图5-62

03 单击"滤镜"按钮，选择"视频摇动和缩放"滤镜，如图5-63所示,将其添加到视频轨中的素材上。

图5-63

04 进入选项面板中，单击"自定义滤镜"按钮，如图5-64所示。

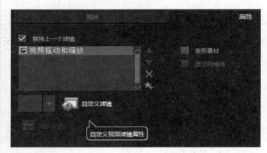

图5-64

05 弹出"视频摇动和缩放"对话框，在"停靠"组中单击中间的按钮，然后设置"缩放率"参数为100，如图5-65所示。

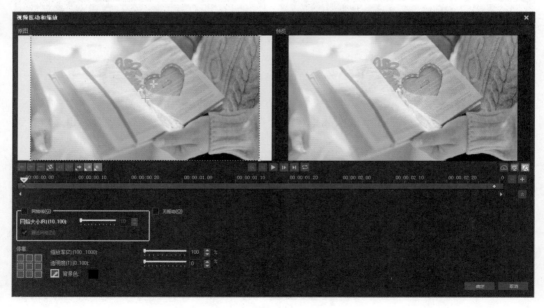

图5-65

06 单击"确定"按钮以完成设置。在预览窗口中预览添加滤镜后的效果，如图5-66所示。

图5-66

5.2.5 画中画滤镜

画中画滤镜的效果类似于素材的路径运动，在画中画滤镜中可以为素材添加投影、边框，进行设置不透明度等操作，巧妙地使用画中画滤镜可以为影片带来不一样的视觉体验。

1. 应用画中画滤镜

下面以实例介绍如何应用画中画滤镜。

视频文件：视频\第5章\5.2.5画中画滤镜.mp4

实例效果

01 在会声会影2018的视频轨中添加素材，如图5-67所示。

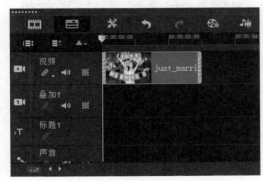

图5-67

02 进入照片"编辑"选项面板，在"重新采样选项"下选择"保持宽高比（无字母框）"选项，如图5-68所示。

图5-68

03 单击"滤镜"按钮，选择"画中画"滤镜，如图5-69所示，将其添加到视频轨中的素材上。

04 在选项面板中单击"自定义滤镜"按钮，如图5-70所示。

图5-69

图5-70

05 弹出"NewBlue画像中画"对话框，如图5-71所示。

图5-71

06 将时间滑块拖至第1帧，在预设的效果中单击"Web2.0"选项，如图5-72所示。

07 将滑块拖至最后一帧，单击"漂亮的明信片"选项，单击"行"按钮以完成设置。

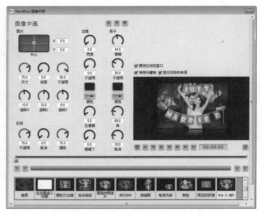

图5-72

08 在导览面板中单击"播放"按钮，预览滤镜效果，如图5-73所示。

图5-73

2．"画像中画"参数详解

下面详细介绍"NewBlue画像中画"对话框中的各参数。

● **"图片"选项组**

◎ 设定画面的位置：通过调整中央的小方块或者在"X"和"Y"数值框中输入数值来调整素材的位置。

突破平面：会声会影2018视频编辑与制作

2018

◎ 尺寸：通过拖动滑块或直接输入数值来调整素材的大小。

◎ 修剪：修剪素材，数值越大修剪的范围越大，当数值为0时素材无修剪。

◎ 不透明：用于设置素材的透明度，透光度为100时素材不透明，透光度为0时素材完全透明。

◎ 旋转：包括旋转X、旋转Y、旋转Z，分别用来设置素材的X、Y、Z旋转角度。

● "反射"选项组

◎ 不透明：用于设置反射的投影不透明度大小。

◎ 抵消：用于设置投影与素材的距离。

◎ 褪色：用于设置透明淡出画面的程序。

● "边境"选项组

◎ 宽度：用于设置素材的边框宽度。

◎ 不透明：用于设置边框的透明度。

◎ 颜色：单击色块，在弹出的列表中选择边框的颜色，或者单击颜色下方的吸管工具，在右侧的预览窗口中吸取边框颜色。

◎ 在模糊：用于设置边框内侧的模糊淡入程度。

◎ 模糊了：用于设置边框外侧的模糊淡入程度。

● "影子"选项组

◎ 模糊：用于设置素材的四周阴影模糊程度。

◎ 不透明：设置阴影的不透明度参数。

◎ 颜色：设置阴影的颜色。

◎ 角：用于调整阴影的角度。

◎ 抵消：用于设置阴影与素材的偏移量。

● 预设效果

在"NewBlue画像中画"对话框中提供了23种预设效果供用户选择，每种预设效果都设置了不同参数值，单击不同的效果选项，在预览窗口则实时显示该选项效果，如图5-74所示。若对效果不满意，还可以在该基础上修改数值。

图5-74

➡ 提示

将时间滑块拖至合适的位置，调整参数后即可新增一个关键帧。当需要移除关键帧时，可以单击预览窗口下方的"移除选取的关键帧标记"按钮◎，或者将关键帧向右拖出画面即可。

5.2.6 "模拟景深"滤镜

"模拟景深"滤镜可以模拟出景深的效果，在突出主体的同时使画面层次感更强。

视频文件：视频\第5章\5.2.6 "模拟景深"滤镜.mp4

实例效果

01 启动会声会影2018，在视频轨中添加素材，如图5-75所示。

图5-75

02 进入照片"编辑"选项面板，在"重新采样选项"下选择"保持宽高比（无字母框）"选项，如图5-76所示。

图5-76

03 在"滤镜"素材库中选择"模拟景深"滤镜，如图5-77所示，将其添加到视频轨的素材上。

图5-77

04 选择素材，进入照片"编辑"选项面板，单击"自定义滤镜"按钮，如图5-78所示。

图5-78

05 打开"NewBlue机架焦点"对话框，拖动滑块至第一帧，然后修改参数，如图5-79所示。

图5-79

06 拖动滑块至第二帧，修改参数，单击"行"按钮关闭对话框。

07 在预览窗口中预览添加滤镜后的效果，如图5-80所示。

图5-80

 提示

下面介绍"NewBlue机架焦点"对话框中的各个参数。

◎ 焦：设置焦点模糊量。
◎ 中心：设置聚焦带的中心点。
◎ 角：设置聚焦带的方向。
◎ 传播：设置聚焦带的宽度。
◎ 混合：设置重点领域之间的混合率。
◎ 曝光：增加光照水平。

5.2.7 "晕影"滤镜

"晕影"滤镜也是会声会影2018的功能，下面介绍如何使用。

视频文件：视频\第5章\5.2.7 "晕影"滤镜.mp4

| 实例效果 |   |

01 在会声会影2018的视频轨中添加素材，如图5-81所示。

图5-81

02 进入照片"编辑"选项面板，在"重新采样选项"下选择"保持宽高比（无字母框）"选项，如图5-82所示。

图5-82

03 在"滤镜"素材库中选择"晕影"滤镜，如图5-83所示。

图5-83

04 在照片"编辑"选项面板中单击"自定义滤镜"按钮，如图5-84所示。

图5-84

05 打开"NewBlue小插图"对话框，拖动滑块至第一帧，单击"双筒望远镜"效果选项，如图5-85所示。

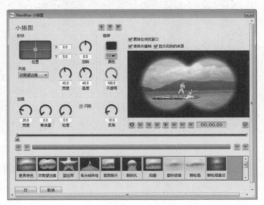

图5-85

06 同理，设置第二帧后单击"行"按钮，关闭对话框。

07 在预览窗口中预览添加滤镜后的效果，如图5-86所示。

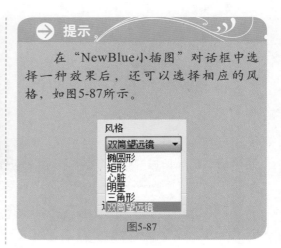

图5-86

提示

在"NewBlue小插图"对话框中选择一种效果后，还可以选择相应的风格，如图5-87所示。

风格

双筒望远镜

椭圆形
矩形
心脏
明星
三角形
双筒望远镜

图5-87

5.3 应用"标题"滤镜

滤镜除了可以应用在视频、图像素材上，也能应用在标题字幕上。会声会影2018提供的"标题"滤镜有27种，包括"气泡""云彩""色彩偏移"等，如图5-88所示。

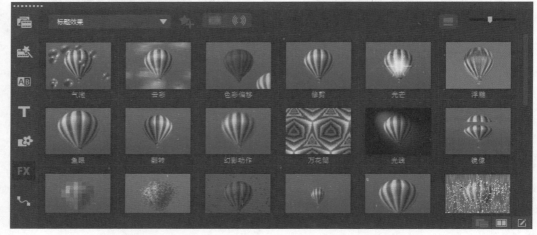

图5-88

"标题"滤镜可以增加标题的视觉效果，其使用方法同其他滤镜的使用方法相同，图5-89所示为应用"标题"滤镜的效果。具体的滤镜操作详见后面的章节。

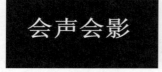

原图

应用"浮雕"滤镜效果

应用"缩放动作"滤镜效果

图5-89

第6章 视频覆叠的创意合成

素材

视频

覆叠就是画面的覆盖叠加，可以同时在屏幕上显示多个画面效果。例如我们经常看到新闻报道，在主持人报道新闻的同时，子画面同步播放现场拍摄的画面镜头；又如在天气预报中人物与背景融合等，都是画中画效果。在会声会影中这种效果可以由覆叠简单实现，用户可以根据自己的需要将多个画面合成，从而制作出更加丰富多彩、创意新颖的视频。

6.1 覆叠的基本操作

会声会影2018共提供了20条覆叠轨，覆叠的基本操作包括在覆叠轨上进行覆叠的添加与删除、调整覆叠素材的大小与位置、调整覆叠素材的形状、设置对齐方式、复制覆叠属性、添加覆叠轨、对调轨道、启用连续编辑等。

6.1.1 添加覆叠素材

不论视频、图像、标题还是色彩素材，都可以作为会声会影的覆叠素材。添加覆叠素材到覆叠轨中是覆叠合成的最基本操作。

视频文件：视频\第6章\6.1.1添加覆叠素材.mp4

实例效果

01 在会声会影2018的视频轨中添加素材，如图6-1所示。

02 在覆叠轨中单击鼠标右键，执行"插入照片"命令，如图6-2所示。

图6-1

图6-2

03 在弹出的"浏览照片"对话框中选择需要的照片，单击"打开"按钮，如图6-3所示。

图6-3

04 在覆叠轨中即已经添加了覆叠素材，如图6-4所示。

图6-4

05 在预览窗口中预览添加的覆叠素材效果，此时在覆叠素材边框上显示了覆叠轨道的名称，如图6-5所示。

图6-5

> ➡ **提示**
>
> 打开素材所在的文件夹，单击鼠标左键，将其拖动到覆叠轨中，也可添加覆叠素材。

6.1.2 删除覆叠素材

在覆叠轨中添加覆叠素材后，可以对其执行删除操作。

视频文件：视频\第6章\6.1.2删除覆叠素材.mp4

突破平面：会声会影2018视频编辑与制作

2018

01 启动会声会影2018，执行"文件"|"打开项目"命令，打开项目文件，如图6-6所示。

图6-6

02 选择覆叠素材，单击鼠标右键，执行"删除"命令，如图6-7所示。

图6-7

03 或者执行"编辑"|"删除"命令也可将覆叠素材删除，如图6-8所示。

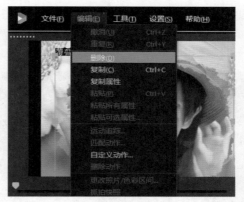

图6-8

04 删除覆叠素材后可在预览窗口中预览效果，如图6-9所示。

图6-9

> **提示**
>
> 选择覆叠素材，按键盘上的Delete键，可快速将素材删除。

6.1.3 调整大小与位置

添加到覆叠轨中的覆叠素材都为默认大小显示，用户可以根据需要调整其大小，使其与画面更完美地融合。

视频文件：视频\第6章\6.1.3调整大小与位置.mp4

实例效果

1. 调整到原始大小

素材的原始大小是指原素材的大小，下面介绍如何将素材调整到原始大小。

01 在会声会影2018的覆叠轨中添加素材，如图6-10所示。

图6-10

02 选择覆叠轨中的素材，在预览窗口中单击鼠标右键，执行"原始大小"命令，如图6-11所示。

图6-11

03 或者展开"编辑"选项面板，单击"对齐选项"按钮，如图6-12所示。

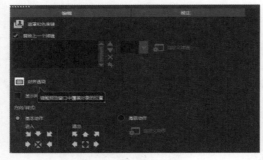

图6-12

04 在弹出的列表中选择"原始大

小"选项，如图6-13所示。

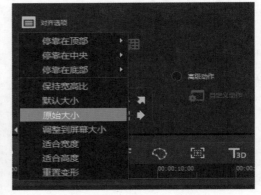

图6-13

05 素材即已经调整到原始大小，效果如图6-14所示。

图6-14

2. 调整到屏幕大小

在前面的章节中介绍过，可以将添加到视频轨中的素材调整到屏幕大小。同样，添加到覆叠轨中的覆叠素材也可以调整到屏幕大小。

01 在会声会影2018的覆叠轨中添加素材，如图6-15所示。

图6-15

02 选择素材，在预览窗口中单击鼠标右键，执行"调整到屏幕大小"命令，如图6-16所示。

图6-16

 提示

在选项面板中单击"对齐选项"按钮，在弹出的列表中选择"调整到屏幕大小"选项也可将素材调整到屏幕大小。

03 再次单击鼠标右键，执行"保持宽高比"命令，如图6-17所示。

图6-17

04 此时的图像即已等比例调整到屏幕大小，如图6-18所示。

图6-18

3. 自由调整大小与位置

对覆叠素材可以随意调整其大小与位置。

01 在会声会影2018的视频轨与覆叠轨中分别添加素材，如图6-19所示。

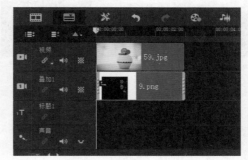

图6-19

02 选择覆叠轨中的素材，在预览窗口中，将鼠标放置在定界框四角的黄色节点上，此时光标变成斜双向箭头，如图6-20所示。

图6-20

03 拖动光标可以等比例调整素材的大小，如图6-21所示。

图6-21

04 将鼠标放置在定界框四周的黄色节点上，拖动光标可单独调整素材的宽度或高度，如图6-22所示。

图6-22

图6-23

图6-24

05 调整素材到合适的大小后,将鼠标放置在素材上,此时光标呈  显示,拖动光标即可移动素材的位置,如图6-23所示。

06 移动到合适位置后的效果如图6-24所示。

6.1.4　恢复默认大小

在预览窗口中调整覆盖叠素材的大小后,还可以将其恢复到默认大小。

视频文件:视频\第6章\6.1.4恢复默认大小.mp4

实例效果

01 启动会声会影2018,执行"文件"|"打开项目"命令,打开项目文件,如图6-25所示。

02 在预览窗口中预览原项目中素材大小,如图6-26所示。

图6-25

图6-26

会声会影2018视频编辑与制作

2018

03 选择覆叠轨中的素材，在预览窗口中单击鼠标右键，执行"默认大小"命令，如图6-27所示。

04 即可将素材恢复到默认大小，如图6-28所示。

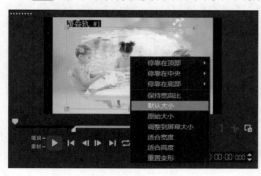

图6-27

图6-28

> **提示**
>
> 在选项面板中单击"对齐选项"按钮，在展开的列表中选择"默认大小"选项，如图6-29所示。

图6-29

6.1.5　调整覆叠素材的形状

覆叠素材变形多用于将覆叠素材融合在背景边框中的操作。

视频文件：视频\第6章\6.1.5调整覆叠素材的形状.mp4

实例效果	

01 在视频轨中添加素材，如图6-30所示。

02 在覆叠轨上单击鼠标右键，执行"插入照片"命令，添加素材图像，如图6-31所示。

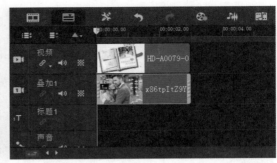

图6-30　　　　　　　　　　　　　　　　图6-31

03 选择覆叠素材，在预览窗口中将鼠标放置在覆叠素材黄色调节点上，调整素材到合适的大小，如图6-32所示。

04 将鼠标放置在素材右上角的绿色调节点上，此时光标呈 ↳ 状，拖动鼠标，如图6-33所示，再释放鼠标即可调节右上角的节点。

图6-32　　　　　　　　　　　　　　　　图6-33

05 将鼠标放置在素材右下角的绿色调节点上，拖动鼠标调节右下角的节点，如图6-34所示。

06 用同样的方法调整另外两个节点的位置，如图6-35所示。

图6-34　　　　　　　　　　　　　　　　图6-35

07 在预览窗口中可以预览调整覆叠素材形状的效果，如图6-36所示。

图6-36

➡️ **提示**

　　单击导览面板中的"扩大"按钮 🔁，可以最大化显示预览窗口，便于素材的细致
调整。

6.1.6　重置变形

　　对素材进行变形后也可以将其恢复到原始形式。选择覆叠素材，在预览窗口中单击鼠
标右键，执行"重置变形"命令，如图6-37所示；或者单击选项面板中的"对齐选项"按
钮，在弹出的列表中选择"重置变形"选项，如图6-38所示。

图6-37

图6-38

6.1.7　设置对齐方式

　　在预览窗口中可以对覆叠素材的位置进行手动调整，还可以对其进行对齐调整。

视频文件：视频\第6章\6.1.7设置对齐方式.mp4

实例效果

突破平面·会声会影2018视频编辑与制作

01 启动会声会影2018，执行"文件"|"打开项目"命令，打开项目文件，如图6-39所示。

图6-39

02 在预览窗口中查看素材原效果，如图6-40所示。

图6-40

03 选中覆叠轨中的素材，在预览窗口中单击鼠标右键，执行"停靠在中央"|"居中"命令，如图6-41所示。

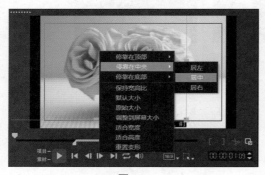

图6-41

04 执行操作后，预览修改对齐后的效果，如图6-42所示。

05 选中覆叠轨中的素材，在预览

窗口中单击鼠标右键，执行"停靠在底部"|"居中"命令，如图6-43所示。

图6-42

图6-43

06 执行操作后，预览修改对齐后的效果，如图6-44所示。

图6-44

 提示

选中覆叠素材，在选项面板中单击"对齐选项"按钮，在弹出的列表中也可执行对齐操作。

6.1.8 复制覆叠属性

在覆叠轨中的一个覆叠上设置各种参数后，可以将所有或部分参数进行复制并粘贴到其他素材上。

视频文件：视频\第6章\6.1.8复制覆叠属性.mp4	
实例效果	 

01 启动会声会影2018，打开一个项目文件，如图6-45所示。

02 在导览面板中单击"播放"按钮，预览效果，如图6-46所示。

图6-45　　　　　　　　　　　　　　　　图6-46

03 在覆叠轨中单击鼠标右键，执行"插入照片"命令，添加素材，如图6-47所示。

04 选中素材1，单击鼠标右键，执行"复制属性"命令，如图6-48所示。

图6-47　　　　　　　　　　　　　　　　图6-48

05 选中素材2，单击鼠标右键，执行"粘贴所有属性"命令，如图6-49所示。

图6-49

06 在预览窗口中预览粘贴覆叠属性的效果，如图6-50所示。

图6-50

07 或者选择需要粘贴属性的素材，单击鼠标右键，执行"粘贴可选属性"命令，如图6-51所示。

图6-51

08 弹出"粘贴可选属性"对话框，选择相应的复选框，如图6-52所示。

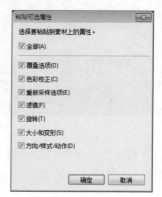

图6-52

09 单击"确定"按钮即可粘贴相应的属性。

6.1.9　添加覆叠轨

会声会影2018提供了20条覆叠轨，默认的时间轴中仅显示了一条覆叠轨。下面介绍添加覆叠轨的方法。

视频文件：视频\第6章\6.1.9添加覆叠轨.mp4
实例效果　

1. 使用轨道管理器添加

01 启动会声会影2018，在时间轴中可以看到默认仅有一条覆叠轨，如图6-53所示。

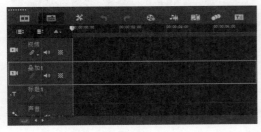

图6-53

02 在会声会影2018的时间轴中单击鼠标右键，执行"轨道管理器"命令，如图6-54所示。

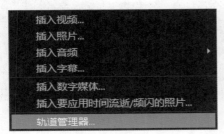

图6-54

03 弹出"轨道管理器"对话框，单击"覆叠轨"后的倒三角按钮，弹出列表，如图6-55所示。

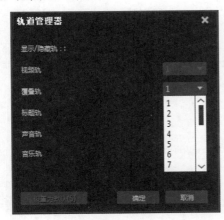

图6-55

04 选择需要的轨道数量后，单击"确定"按钮即可在时间轴中新增覆叠轨。新增的轨道以名称顺序进行排列，如图6-56所示。

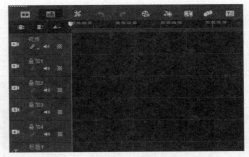

图6-56

> **提示**
>
> 单击时间轴中的"轨道管理器"按钮，也可打开"轨道管理器"对话框。

05 分别在视频轨和覆叠轨中添加素材，如图6-57所示。

图6-57

06 在预览窗口中调整覆叠素材的大小及位置，预览最终效果，如图6-58所示。

图6-58

2. 使用鼠标右键直接添加

在时间轴中可以直接使用鼠标右键添加覆叠轨，这是会声会影2018的新增功能。可以根据实际工作需要选择在轨道上方或下方插入新的覆叠轨，也能直接使用鼠标右键删除不需要的轨道。

01 在覆叠轨1最左侧的图标 ⊕ 上单击鼠标右键，执行"插入轨上方"命令，如图6-59所示。

图6-59

02 即可在轨道上方添加一条新的轨道，如图6-60所示。

图6-60

03 再次单击鼠标右键，执行"插入轨下方"命令，如图6-61所示，即可在该轨道下方插入新的轨道，如图6-62所示。

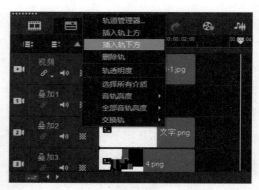

图6-61

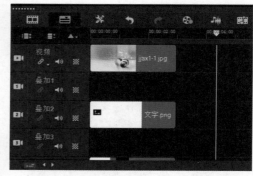

图6-62

04 执行"删除轨"命令可以直接删除空轨道。当要删除的轨道上有素材时，会弹出提示对话框，如图6-63所示。

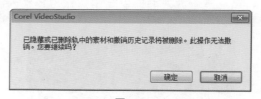

图6-63

6.1.10 调整覆叠轨中素材的位置

可以调整添加到覆叠轨中素材的位置，以确定其入镜的时间。

视频文件：视频\第6章\6.1.10调整覆叠轨中的位置.mp4

实例效果

01 启动会声会影2018，在视频轨中添加两个素材，如图6-64所示。

02 在覆叠轨中添加一个素材，如图6-65所示。

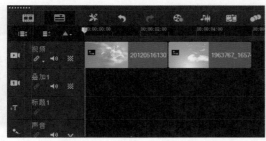

图6-64

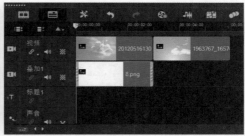

图6-65

03 在预览窗口中调整素材的显示位置，如图6-66所示。

04 在时间轴中选择覆叠素材，单击鼠标将其拖动到合适的位置，如图6-67所示。

图6-66

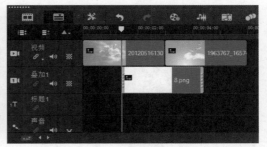

图6-67

05 单击导览面板中的"播放"按钮可预览效果，如图6-68所示。

图6-68

6.1.11 选择同轨道的所有介质

视频文件：视频\第6章\6.1.11选择同轨道的所有介质.mp4

实例效果		

01 启动会声会影2018，执行"文件"|"打开项目"命令，打开项目，如图6-69所示。

图6-69

02 在时间轴中单击覆叠轨1，在覆叠轨1图标上单击鼠标右键，执行"选择所有介质"命令，如图6-70所示。

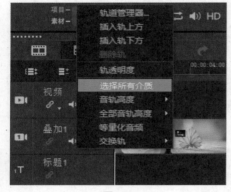

图6-70

03 此时覆叠轨1中的素材被全部选

中，单击鼠标并将其拖动到视频轨上，如图6-71所示。

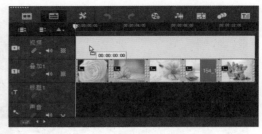

图6-71

04 在预览窗口中预览效果，如图6-72所示。

图6-72

> **→ 提示**
>
> 选择覆叠轨1中的第1个素材，按住Shift键并单击最后一个素材，也可将该轨道内的介质全部选中。

6.1.12 交换轨道

在会声会影2018中，覆叠轨道之间可以交换。执行交换操作后，轨道中的素材即改变了显示顺序。

视频文件：视频\第6章\6.1.12交换轨道.mp4

实例效果		

01 启动会声会影2018，执行"文件"|"打开项目"命令，打开项目文件，如图6-73所示。

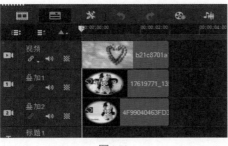

图6-73

02 在预览窗口中预览原视频效果，如图6-74所示。

图6-74

03 在覆叠轨1的图标⊕上单击鼠标右键，执行"交换轨"|"覆叠轨2"命令，如图6-75所示。

04 交换轨道后的时间轴如图6-76所示。

图6-75

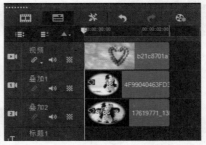

图6-76

05 在预览窗口中预览效果，如图6-77所示。

图6-77

 提示

在会声会影2018中，仅当打开多条覆叠轨时才能执行交换轨的操作。

6.1.13 禁用或启用轨道

在会声会影2018中，可以将某覆叠轨进行禁用，禁用后该轨道内的素材将会被隐藏。用户可以通过禁用或启用轨道来对比使用该轨道素材的前后效果。

视频文件：视频\第6章\6.1.13禁用或启用轨道.mp4

| 实例效果 |  |  |

01 在会声会影2018的视频轨和覆叠轨中分别添加素材，如图6-78所示。

图6-78

02 在预览窗口中调整覆叠素材的位置，预览效果，如图6-79所示。

图6-79

03 选择覆叠轨1图标 ⬙，单击鼠标左键，如图6-80所示。

图6-80

04 此时的覆叠轨1即已经被禁用，如图6-81所示。

图6-81

05 禁用后覆叠轨1上的素材被隐藏，在预览窗口中预览效果，如图6-82所示。

图6-82

06 再次单击覆叠轨1图标 ⬙，如图6-83所示，即可重新启用该轨道。

图6-83

 提示

禁用轨道可以隐藏该轨道内的所有素材，单击轨道中的某素材，在预览窗口中也可临时显示该素材效果。

6.1.14 启用轨道连续编辑

使用"连续编辑"可以在插入或删除素材时同时，相应地自动移动其他素材，保持轨

视频平面：会声会影2018视频编辑与制作

2018

的原始同步。

视频文件：视频\第6章\6.1.14启用轨道连续编辑.mp4

实例效果	 

01 启动会声会影，执行"文件"|"打开项目"命令，打开项目文件，如图6-84所示。

02 单击时间轴中的"启用全部可视化轨道"按钮 ，开启全部可视化轨道，如图6-85所示。

图6-84

图6-85

03 单击视频轨道中的"启用/禁用连续编辑"按钮 ，在弹出的列表中选择"启用连续编辑"命令，如图6-86所示。

04 则启用了连续编辑，且各个轨道上都显示了"启用/禁用连续编辑"按钮 ，如图6-87所示。

图6-86

图6-87

05 在视频轨中添加一个素材，此时启用连续编辑的轨道发生相应的移动，如图6-88所示。

06 在预览窗口中预览效果，如图6-89所示。

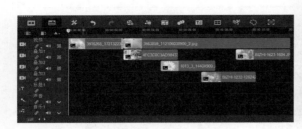

图6-88 图6-89

6.2 制作覆叠效果

制作覆叠效果包括调整覆叠素材的不透明度、设置覆叠素材的边框、使用色度键抠图、裁剪覆叠素材、应用预设遮罩效果、应用自定义遮罩效果等。

6.2.1 设置不透明度

在会声会影2018中可以将覆叠对象的透明度降低，从而显示出部分背景，使覆叠素材与背景完美地融合。

视频文件：视频\第6章\6.2.1设置不透明度.mp4

实例效果

01 在会声会影2018的视频轨中和覆叠轨中分别添加素材，如图6-90所示。

02 分别将素材调整至屏幕大小，如图6-91所示。

图6-90 图6-91

150

03 选择覆叠轨中的素材，展开选项面板，单击"遮罩和色度键"按钮 ![icon]，如图6-92所示。

04 弹出相应的面板，单击透明度后的 ![icon] 按钮，拖动滑块，或直接在文本框中输入透明度参数值为60，如图6-93所示。

图6-92　　　　　　　　　　　　　　　图6-93

05 在预览窗口中预览遮罩透明度的最终效果，如图6-94所示。

图6-94

6.2.2　设置覆叠边框

在会声会影2018中可以为覆叠素材添加边框，还可以设置边框的颜色。

视频文件：视频\第6章\6.2.2设置覆叠边框.mp4

实例效果　

01 在会声会影2018的视频轨中和覆叠轨中分别添加素材，如图6-95所示。

图6-95

02 在预览窗口中预览原效果，如图6-96所示。

图6-96

03 选择覆叠轨中的素材，展开选项面板，单击"遮罩和色度键"按钮 ，如图6-97所示。

图6-97

04 弹出相应的面板，设置边框参数值为2，如图6-98所示。

图6-98

→ 提示

在会声会影2018中，边框的数值范围为0～10。

05 单击其后的色块，在弹出的列表中可以选择的边框颜色如图6-99所示。

图6-99

06 在预览窗口中调整素材的大小及位置，最终的效果如图6-100所示。

图6-100

6.2.3 使用色度键抠图

天气预报员站在蓝布前"指点江山"，然后将其应用色度键抠像，放置在天气报道的视频前，制作的最终效果就是我们所看到的天气预报。在会声会影2018中，通过"色度键"选项可以去掉覆叠轨中素材多余的背景，使素材与画面融为一体。

视频文件：视频\第6章\6.2.3使用色度键抠图.mp4

实例效果		

01 在会声会影2018的视频轨和覆叠轨中分别添加素材，如图6-101所示。

02 选择覆叠轨中的素材，展开选项面板，单击"遮罩和色度键"按钮，如图6-102所示。

图6-101   图6-102

03 弹出相应的选项面板，选中"应用覆叠选项"复选框，如图6-103所示。

04 在"类型"下拉列表中选择"色度键"选项，如图6-104所示。

图6-103   图6-104

05 单击"相似度"后的色块，可在弹出的列表中选择抠去的颜色，如图6-105所示。

06 或者单击"吸管"工具，在右侧的预览图中吸取颜色，如图6-106所示。

图6-105 图6-106

07 在其右侧通过拖动滑块来调整数值，如图6-107所示。

08 在预览窗口中调整遮罩素材的大小和位置，预览最终效果，如图6-108所示。

图6-107 图6-108

6.2.4 使用色度键裁剪

色度键除了可以用于抠图外，还可以用于对图像进行裁剪。

视频文件：视频\第6章\6.2.4使用色度键裁剪.mp4

实例效果

01 在视频轨和覆叠轨中分别添加素材，如图6-109所示。

02 选择视频轨中的素材，同时选择覆叠轨中的素材，展开选项面板，单击"遮罩和色度键"按钮 ，如图6-110所示。

图6-109 图6-110

03 弹出相应的选项面板，选中"应用覆叠选项"复选框，在"类型"下拉列表中选择"色度键"选项，设置色彩相似度参数值为0，如图6-111所示。

图6-111

04 设置素材的宽度或高度参数，如图6-112所示。

图6-112

05 在预览窗口中单击鼠标右键，执行"调整到屏幕大小"命令，然后再次单击鼠标右键，执行"保持宽高比"命令，如图6-113所示。

图6-113

06 调整素材后的最终效果如图6-114所示。

图6-114

6.2.5　应用预设遮罩效果

遮罩能使素材局部透空，其原理是使白色的部分显示、黑色的部分掩盖、灰色的部分呈现半透明状态。会声会影2018提供了35种预设遮罩效果。

视频文件：视频\第6章\6.2.5应用预设遮罩效果.mp4

实例效果

在会声会影2018的视频轨和覆叠轨中分别添加一张素材图片，如图6-115所示。

图6-115

01 选择覆叠轨中的素材，展开选项面板，单击"遮罩和色度键"按钮，如图6-116所示。

图6-116

在"遮罩和色度键"面板中，勾选"应用覆叠选项"复选框，在"类型"下拉列表中选择"遮罩帧"选项，如图6-117所示。

在其右侧的预设样式中选择合适的遮罩样式，如图6-118所示。

图6-117

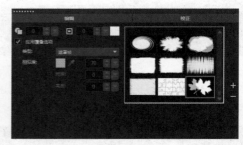

图6-118

02 在预览窗口中调整素材的大小及位置，最终效果如图6-119所示。

图6-119

6.2.6　应用自定遮罩效果

除了预设的遮罩效果外，用户还可以添加自定遮罩效果。

视频文件：视频\第6章\6.2.6应用自定遮罩效果.mp4

实例效果	 

01 在会声会影2018的视频轨和覆叠轨中分别添加素材，如图6-120所示。

图6-120

02 选择覆叠轨中的素材，展开选项面板，单击"遮罩和色度键"按钮，如图6-121所示。

图6-121

03 在"遮罩和色度键"面板中，勾选"应用覆叠选项"复选框，在"类型"下拉列表中选择"遮罩帧"选项，如图6-122所示。

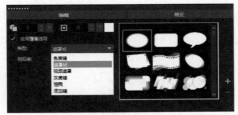

图6-122

04 单击"添加遮罩项"图标，如图6-123所示。

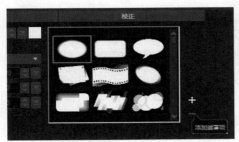

图6-123

05 弹出"浏览照片"对话框，选择遮罩素材，单击"打开"按钮，如图6-124所示。

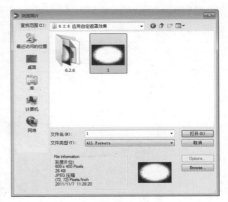

图6-124

06 弹出提示对话框，单击"确定"按钮，如图6-125所示。

图6-125

07 此时的遮罩列表中即添加了自定的遮罩，如图6-126所示。

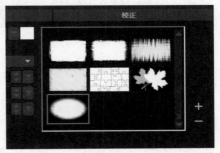

图6-126

08 在预览窗口中调整素材的大小及位置，如图6-127所示，预览最终效果。

图6-127

6.2.7 将滤镜应用至Alpha通道

Alpha通道用来记录图像中的透明度信息，定义透明、不透明和半透明区域。在会声会影2018中，将滤镜应用至Alpha通道功能只适用于添加到覆叠轨中的包含Alpha通道的文件格式，如TGA格式。

视频文件：视频\第6章\6.2.7将滤镜应用至Alpha通道.mp4

实例效果

01 在会声会影2018的视频轨中添加素材，如图6-128所示。

02 在覆叠轨中添加TGA格式的素材，如图6-129所示。

图6-128

图6-129

03 单击素材库中的"滤镜"按钮，进入"滤镜"素材库中，选择"气泡"滤镜，如图6-130所示。

04 将其拖动并添加到覆叠轨中的素材上，在预览窗口中调整素材的大小与位置，如图6-131所示。

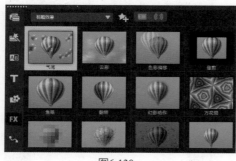

图6-130

图6-131

05 在覆叠轨中选择覆叠素材，单击鼠标右键，此时的"将滤镜应用至Alpha通道"选项已经被选中，如图6-132所示。

06 取消该选项的勾选，在预览窗口中预览效果，如图6-133所示。

图6-132

图6-133

6.3 设置方向与样式

在会声会影2018的覆叠轨中添加素材后，可以在选项面板的方向/样式中设置素材的进入退出方向、旋转动画、淡入淡出动画及暂停区间等参数。

6.3.1 进入与退出

在会声会影2018中，用户可通过选项面板为覆叠轨中的素材设置进入与退出方向，使画面中的覆叠素材产生动画效果。

视频文件：视频\第6章\6.3.1进入与退出.mp4

实例效果

01 在会声会影2018的视频轨中和覆叠轨中分别添加素材，如图6-134所示。

02 选择覆叠轨中的素材，在预览窗口中调整素材的大小及位置，如图6-135所示。

图6-134

图6-135

03 展开选项面板，在"方向/样式"的"进入"选项组中单击"从下方进入"按钮，如图6-136所示。

04 在"退出"选项组中单击"从右边退出"按钮，如图6-137所示。

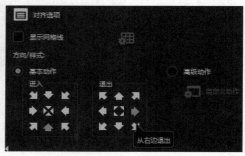

图6-136　　　　　　　　　　　　　　　图6-137

05 单击导览面板中的"播放"按钮，预览最终的效果，如图6-138所示。

图6-138

6.3.2　区间旋转动画

区间旋转动画是指在覆叠素材进行运动时处于暂停时间前后的旋转效果。

视频文件：视频\第6章\6.3.2区间旋转动画.mp4

实例效果		

01 在会声会影2018的视频轨中添加素材，并调整项目大小，如图6-139所示。

02 在覆叠轨中添加素材并在预览窗口中调整素材的大小及位置，如图6-140所示。

图6-139

图6-140

03 选择素材,进入选项面板,在"方向/样式"的"进入"选项组中单击"从下方进入"按钮,如图6-141所示。

04 单击"暂停区间后旋转"按钮,如图6-142所示。

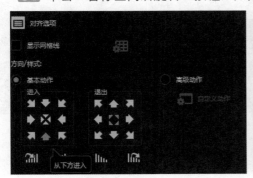

图6-141

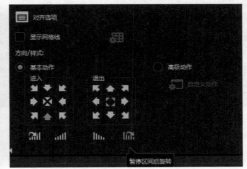

图6-142

05 在导览面板中单击"播放"按钮,预览设置覆叠区间旋转动画的效果,如图6-143所示。

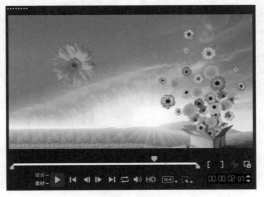

图6-143

6.3.3 淡入淡出动画

淡入淡出动画指覆叠素材淡入画面和淡出画面的效果。淡入与淡出能使素材自然地入画和出画。

视频文件：视频\第6章\6.3.3淡入淡出动画.mp4

<table>
<tr><td>实例效果</td><td></td><td></td></tr>
</table>

01 在会声会影2018的视频轨中和覆叠轨中分别添加素材，如图6-144所示。

02 调整视频轨中的素材到屏幕大小，调整覆叠素材的大小及位置，如图6-145所示。

图6-144　　　　　　　　　　　　　　图6-145

03 展开选项面板，单击"淡入动画效果"按钮，如图6-146所示。

04 然后单击"淡出动画效果"按钮，如图6-147所示。

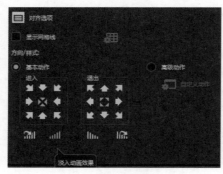

图6-146　　　　　　　　　　　　　　图6-147

05 单击导览面板中的"播放"按钮，预览最终的效果，如图6-148所示。

图6-148

6.3.4 设置动画暂停区间

为素材添加方向与样式后，可以在导览面板中调整动画的暂停区间，以控制动画的停留时间。

视频文件：视频\第6章\6.3.4设置动画暂停区间.mp4

实例效果

01 在会声会影2018的视频轨和覆叠轨中分别添加素材，如图6-149所示。

02 选择覆叠轨中的素材，在预览窗口中调整素材的大小及位置，如图6-150所示。

图6-149

图6-150

03 选择覆叠素材，在选项面板中单击"从左下方进入"按钮，如图6-151所示。

04 在导览面板中调整动画的暂停区间，如图6-152所示。

图6-151

图6-152

05 单击导览面板中的"播放"按钮，预览动画效果，如图6-153所示。

图6-153

6.4 路径运动

会声会影2018提供了路径运动功能，为素材添加路径后，素材会沿着路径进行运动。用户还可以对路径进行大小、角度、阴影、边框等参数的自定义修改。本节就将介绍路径的应用。

6.4.1 添加路径

在会声会影2018的"路径"素材库中，提供了10种预设路径效果，将路径添加到覆叠轨素材上，可以使素材沿着预设的路径运动。

视频文件：视频\第6章\6.4.1添加路径.mp4

实例效果

01 在会声会影2018的视频轨和覆叠轨中分别添加素材，如图6-154所示。

02 单击素材库面板中的"路径"按钮，进入路径素材库，选择一种路径，如图6-155所示。

图6-154

图6-155

03 将其拖动到覆叠轨中的素材上，在预览窗口中预览添加路径后的效果，如图6-156所示。

图6-156

6.4.2 删除路径

用户也可以将添加到素材上的路径删除，下面将介绍删除路径的方法。

视频文件：视频\第6章\6.4.2删除路径.mp4

实例效果	

[01] 启动会声会影2018，执行"文件"|"打开项目"命令，打开项目文件，如图 6-157所示。

[02] 在预览窗口中预览应用路径后的效果，如图6-158所示。

图6-157

图6-158

[03] 选择覆叠素材，单击鼠标右键，执行"删除动作"命令，如图6-159所示。

[04] 或者执行"编辑"|"删除动作"命令，如图6-160所示。

图6-159

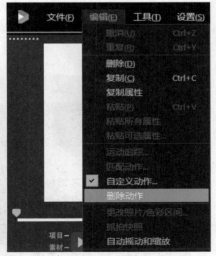

图6-160

[05] 删除路径后，在预览窗口中预览效果，如图6-161所示。

图6-161

6.4.3　自定义路径

　　除了使用素材库中的预设路径外，还可以为覆叠轨中的素材自定义路径效果，下面就介绍自定义路径的操作方法。

视频文件：视频\第6章\6.4.3自定义路径.mp4

实例效果

　　01　启动会声会影2018，在视频轨和覆叠轨中分别添加素材，如图6-162所示。然后分别调整素材的大小。

　　02　选择覆叠轨中的素材，展开选项面板，单击"高级动作"单选按钮，如图6-163所示。

图6-162　　　　　　　　　　　图6-163

　　03　弹出"自定义动作"对话框，如图6-164所示。

图6-164

04 在预览窗口中拖动素材的位置，就会显示出一条蓝色的路径运动轨迹，如图6-165所示。

图6-165

05 在"旋转"选项组中设置Y的数值为-30，在"阴影"选项组中设置阴影的不透明度数值为60，如图6-166所示。

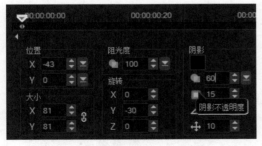

图6-166

06 在"边界"选项组中设置边界大小为2，在"镜面"选项组中设置镜射不透光度数值为50，如图6-167所示。

图6-167

07 在第一个关键帧上单击鼠标右键，执行"复制"命令，如图6-168所示。

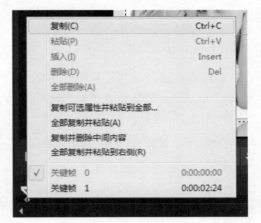

图6-168

08 选择第二个关键帧，单击鼠标右键，执行"粘贴"命令，如图6-169所示。

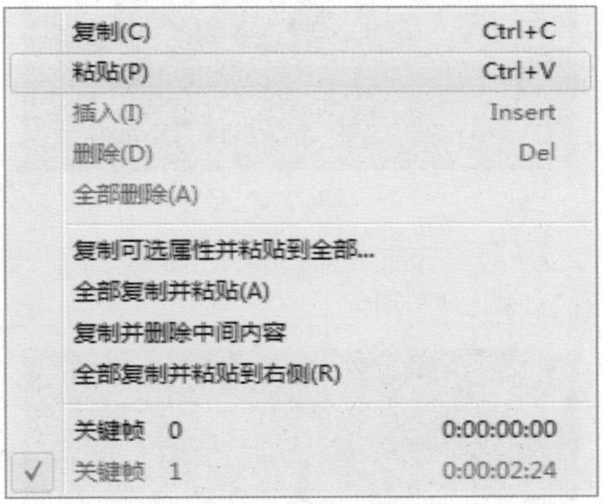

图6-169

09 在预览窗口中拖动素材并调整素材的大小及角度，如图6-170所示。

10 单击"确定"按钮以完成设置。

2018

在导览面板中单击"播放"按钮,预览效果,如图6-171所示。

图6-170

图6-171

6.4.4 套用追踪路径

套用追踪路径是基于视频的动态追踪来实现的。下面就介绍套用动态追踪路径的操作方法。

视频文件:视频\第6章\6.4.4套用追踪路径.mp4

01 启动会声会影2018,在视频轨中添加一段视频素材,如图6-172所示。

图6-172

02 单击时间轴上的"运动追踪"按钮,如图6-173所示。

图6-173

03 弹出"运动追踪"对话框,单击"运动追踪"按钮,如图6-174所示。

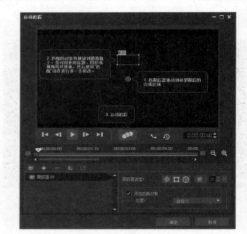
图6-174

04 开始追踪动态,并显示出路径,单击"确定"按钮,如图6-175所示。

图6-175

05 此时对话框关闭，在时间轴中的覆叠轨上新增一个素材，如图6-176所示。

图6-176

06 选择素材，单击鼠标右键，此时可以看到"匹配动作"复选项被选中，如图6-177所示。

图6-177

07 选择素材，单击鼠标右键，执行"替换素材"|"照片"命令，如图6-178所示。

图6-178

08 在弹出的对话框中选择素材，单击"打开"按钮，替换素材，如图6-179所示。

09 替换后的素材即已经套用了运动追踪路径。

图6-179

10 单击鼠标右键，选择"匹配动作"复选项，如图6-180所示。

图6-180

11 弹出"匹配动作"对话框，对参数进行修改，如图6-181所示。

图6-181

12 单击"确定"按钮以关闭对话框。将视频轨中的素材删除或替换后，覆叠轨中的素材自动取消套用动态路径，而将转换为自定义路径。

13 单击鼠标右键，执行"自定义动作"命令，如图6-182所示。

14 弹出提示对话框，提示动态属性将会遗失，如图6-183所示。

图6-182

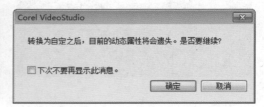

图6-183

第7章 视频转场的完美过渡

素材

视频

完整的影片是由一个一个场景连接起来的，在场景与场景之间通常需要用到转场效果，使其过渡自然、衔接紧凑，从而集中观众注意力。转场还可以用来渲染影片气氛、强调对比，以增加视觉跳动。本章将介绍视频转场特效的使用。

7.1 转场的基本操作

电影、电视剧、宣传片、片头等视频作品经常需要进行场面转换，使影片叙事流畅。会声会影2018共有126种转场效果，在本节中将介绍转场的基本操作。

7.1.1 添加转场效果

转场是基于两个或两个以上的场景，因此在添加转场之前必须添加媒体素材。在会声会影2018中添加转场效果十分简单，下面将介绍转场的添加方法。

视频文件：视频\第7章\7.1.1添加转场效果.mp4

实例效果

01 启动会声会影2018，在故事板视图中单击鼠标右键，执行"插入照片"命令，如图7-1所示。

图7-1

02 在弹出的"浏览照片"对话框中选择3个素材，如图7-2所示。

图7-2

03 单击"打开"按钮,添加素材到故事板视图中,如图7-3所示。依次调整素材到屏幕大小。

图7-3

04 单击"转场"按钮,进入"转场"素材库,选择"对开门"转场,如图7-4所示。

图7-4

05 将其拖动到故事板中的素材之间,如图7-5所示。

图7-5

06 释放鼠标即可添加该转场到两个素材之间,如图7-6所示。

图7-6

07 用同样的方法,添加其他转场到素材2与素材3之间。

08 在预览窗口中查看添加转场后的效果,如图7-7所示。

图7-7

7.1.2 自动添加转场

当需要使用大量的静态图像制作成视频相册时,可通过会声会影2018为素材图片自动添加转场效果。

视频文件：视频\第7章\7.1.2自动添加转场.mp4

实例效果

01 启动会声会影2018，执行"设置"|"参数选择"命令，如图7-8所示。

图7-8

02 弹出"参数选择"对话框，切换至"编辑"选项卡，如图7-9所示。

图7-9

03 勾选"自动添加转场效果"复选框，在"默认转场效果"下拉列表中选择需要的转场选项，如图7-10所示，单击"确定"按钮。

04 在视频轨中添加3张素材图片，程序会自动为其添加转场，如图7-11所示。

图7-10

图7-11

05 单击"播放"按钮，预览转场效果，如图7-12所示。

图7-12

突
破
平
面
：
会
声
会
影
2018
视
频
编
辑
与
制
作

2018

7.1.3 应用随机效果

视频文件：视频\第7章\7.1.3应用随机效果.mp4

实例效果

01 在会声会影2018的视频轨中添加3张素材图片，如图7-13所示。分别将其调整到屏幕大小。

图7-13

02 单击"转场"按钮，切换至"转场"素材库，如图7-14所示。

图7-14

03 单击素材库右上角的"对视频轨应用随机效果"按钮，如图7-15所示。

04 程序会在素材图像之间添加随机转场效果，如图7-16所示。

图7-15

图7-16

05 单击导览面板中的"播放"按钮，预览转场效果，如图7-17所示。

图7-17

> **提示**
>
> 若素材之间已经添加了转场效果，对其应用当前效果时，会弹出提示信息框，如图7-18所示。提示用户是否确认操作，单击"是"按钮，则会替换原有的素材转场；单击"否"按钮，则只在其他未添加转场的素材之间添加该转场效果。

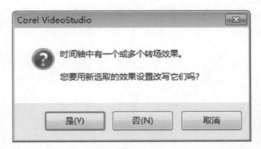

图7-18

7.1.4 应用当前效果

为视频轨中的素材添加相同的转场时，便可使用"对视频轨应用当前效果"功能。

视频文件：视频\第7章\7.1.4应用当前效果.mp4

实例
效果

01 在会声会影2018的视频轨中添加多张素材，如图7-19所示。分别选择素材并将素材调整到屏幕大小。

图7-19

02 单击"转场"按钮，进入转场素材库，选择"方盒"转场，单击鼠标右键，执行"对视频轨应用当前效果"命令，如图7-20所示。

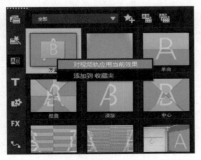

图7-20

03 在视频轨中所有素材之间均添加了该转场效果，如图7-21所示。

图7-21

04 在导览面板中单击"播放"按钮，预览转场效果，如图7-22所示。

图7-22

7.1.5 删除转场效果

用户在场景之间添加转场后，还可以将添加的转场效果删除。

视频文件：视频\第7章\7.1.5删除转场效果.mp4

实例效果

01 启动会声会影2018，执行"文件"|"打开项目"命令，打开一个项目文件，如图7-23所示。

02 单击导览面板中的"播放"按钮，预览转场效果，如图7-24所示。

图7-23   图7-24

03 选中素材之间的转场，单击鼠标右键，执行"删除"命令，如图7-25所示。

04 在预览窗口中预览删除转场后的效果，如图7-26所示。

图7-25   图7-26

> **提示**
>
> 选中素材之间的转场效果，按Delete键可快速将转场删除。

7.1.6 收藏转场

将常用的转场效果收藏起来，这样便于下次使用，其操作方法有两种，如下所述。

1. 执行相应命令

可通过下拉列表中的快捷菜单收藏转场。

视频文件：视频\第7章\7.1.6收藏转场.mp4

01 单击"转场"按钮，进入"转场"素材库，默认进入"收藏夹"转场，此时收藏夹中无转场，如图7-27所示。

图7-27

02 在"画廊"下选择"全部"选项，在全部转场中选中"百叶窗"转场，单击鼠标右键，执行"添加到收藏夹"命令即可，如图7-28所示。

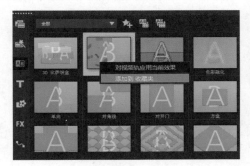

图7-28

03 在"画廊"的下拉列表中选择"收藏夹"选项，如图7-29所示。

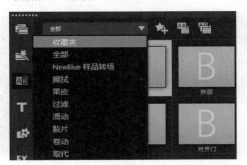

图7-29

04 在收藏夹中即可以看到已经收藏了的转场效果，如图7-30所示。

图7-30

2. 单击相应按钮

除此之外，还可通过单击相应的按钮来收藏转场。单击"转场"按钮，进入"转场"素材库，在全部素材库中选择"交叉淡化"转场，单击"添加到收藏夹"按钮，如图7-31所示。进入"收藏夹"素材库，即可看到"交叉淡化"转场已经被收藏到了收藏夹中，如图7-32所示。

图7-31

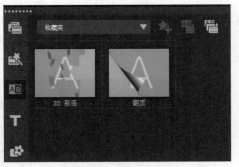

图7-32

另外，选择时间轴上已经应用了的转场，在选项面板中单击"添加到收藏夹"按钮同样可以收藏该转场，如图7-33所示。

图7-33

提示

若要删除"收藏夹"中的转场，只需单击鼠标右键，执行"删除"命令，或者单击键盘上的Delete键。

7.2 设置转场属性

添加转场之后，还可以对转场进行时间、方向、边框、柔化边缘、自定义设置。下面进行具体介绍。

7.2.1 设置转场时间

转场的区间参数是可以进行调整的。对转场区间的调整，可以加长转场片段的视频区间。

1. 选项面板设置

在素材之间添加的转场的默认区间为1s，用户可以对转场的时间进行自由设置。

视频文件：视频\第7章\7.2.1设置转场时间.mp4

实例
效果

01 启动会声会影2018，在视频轨中添加两张素材图片，如图7-34所示。

02 单击"转场"按钮，进入转场素材库，选择"菱形B"转场，将其添加到素材之间，如图7-35所示。

图7-34

图7-35

突破平面：会声会影2018视频编辑与制作 2018

03 选择转场，进入选项面板，此时默认的转场区间为1s，如图7-36所示。

04 在区间中单击鼠标，当区间数值处于闪烁状态时输入新的区间，如图7-37所示。

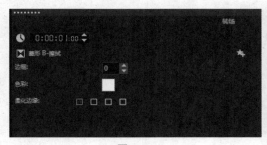

图7-36　　　　　　　　　　　　　　　　　　图7-37

05 此时的时间轴中转场区间即发生改变，如图7-38所示。

06 单击导览面板中的"播放"按钮，预览转场效果，如图7-39所示。

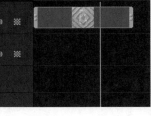

图7-38　　　　　　　　　　　　　　　　　　图7-39

2. 时间轴设置

选中视频轨中的转场并拖动区间，此时可以看到光标后显示的区间，如图7-40所示。释放鼠标即可修改区间，如图7-41所示。

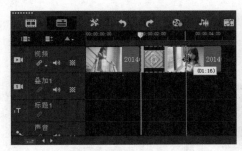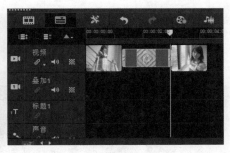

图7-40　　　　　　　　　　　　　　　　　　图7-41

3. 设置默认转场时间

启动会声会影2018，执行"编辑"|"参数选择"命令，如图7-42所示。弹出对话框，切换至"编辑"选项卡，在"默认转场效果的区间"后设置区间数值为3s，如图7-43所示。单击"确定"按钮即可修改默认转场区间，修改默认转场区间后，在素材之间添加的转场区间统一为3s。

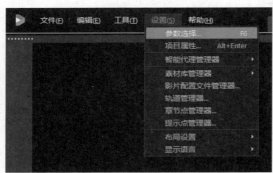

图7-42　　　　　　　　　　　　　　　　　图7-43

7.2.2　改变转场方向

在素材之间添加部分转场后，可以在选项面板中对转场方向进行修改。

视频文件：视频\第7章\7.2.2改变转场方向.mp4

实例效果　

01 启动会声会影2018，执行"设置"|"参数选择"命令，如图7-44所示。

02 弹出对话框，切换至"编辑"选项卡，在"图像重新采样选项"组中选择"保持宽高比（无字母框）"选项，如图7-45所示，单击"确定"按钮。

图7-44　　　　　　　　　　　　　　　　　图7-45

03 在视频轨中添加两张图片素材，并在素材之间添加"门"转场，如图7-46所示。

04 单击导览面板中的"播放"按钮，预览转场的默认效果，如图7-47所示。

图7-46

图7-47

05 单击"选项"按钮,进入选项面板,在"方向"选项组中单击"从右到左"按钮,如图7-48所示。

图7-48

06 在预览窗口中预览修改转场方向后的效果,如图7-49所示。

图7-49

7.2.3 设置转场边框及色彩

在会声会影2018中,可以修改部分转场边框与边框的颜色。

视频文件:视频\第7章\7.2.3设置转场边框及色彩.mp4

实例效果	

01 在会声会影2018的视频轨中添加两张图片素材,如图7-50所示。

图7-50

02 单击"转场"按钮,在"转场"

素材库中选择"圆形"转场,将其添加到两个素材之间,如图7-51所示。

图7-51

03 单击导览面板中的"播放"按钮，预览原转场效果，如图7-52所示。

图7-52

04 展开"选项"面板，设置边框参数为1，单击色彩后的色块，在弹出的列表中选择颜色，如图7-53所示。

05 在导览面板中单击"播放"按钮，预览设置转场边框及色彩的效果，如图7-54所示。

图7-53

图7-54

7.2.4 设置柔化边缘

在选项面板中可以对转场边框进行柔化设置。

视频文件：视频\第7章\7.2.4设置柔化边缘.mp4

实例效果		

01 在会声会影2018的视频轨中添加两张图片素材，如图7-55所示。

图7-55

02 单击"转场"按钮，在转场素材库中选择"星形"转场，并将其添加到两个素材之间，如图7-56所示。

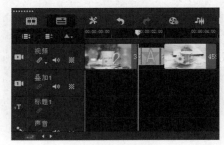

图7-56

03 单击导览面板中的"播放"按钮，预览原转场效果，如图7-57所示。

图7-57

04 展开"转场"选项面板，在柔滑边缘中单击"强柔化边缘"按钮，如图7-58所示。

05 在导览面板中单击"播放"按钮，预览设置柔化边缘后的效果，如图7-59所示。

图7-58

图7-59

7.2.5　自定义转场

用户还可以对部分转场进行自定义设置。

视频文件：视频\第7章\7.2.5自定义转场.mp4

实例效果	

01 启动会声会影2018，在视频轨中添加3张图片素材，如图7-60所示，并调整到屏幕大小。

图7-60

02 依次为素材之间添加"漩涡""3D彩屑"转场，如图7-61所示。

图7-61

03 单击导览面板中的"播放"按钮，预览转场效果，如图7-62所示。

2018

图7-62

04 选择素材1与素材2之间的转场，展开"转场"选项面板，单击"自定义"按钮，如图7-63所示。

05 在弹出的对话框中可以对各项参数进行修改，如图7-64所示。

图7-63

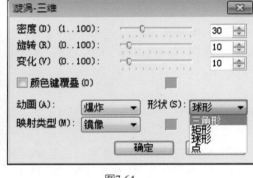

图7-64

06 在预览窗口中预览效果，如图7-65所示。

图7-65

7.3 常见实用转场

本节将介绍会声会影2018中的常见实用转场，包括交叉淡化、相册转场、百叶窗转场、遮罩转场等。通过对这些转场的介绍，读者能够掌握转场在影片制作中的实际应用。

7.3.1 交叉淡化

交叉淡化转场在影视作品中经常被用到，常用于表现时间推移、事件进展、想象中的事物更替。转场淡化会使前后画面出现交叠的效果。

视频文件：视频\第7章\7.3.1交叉淡化.mp4

实例效果

01 启动会声会影2018，在视频轨中添加两张图片素材，如图7-66所示，分别调整素材到屏幕大小。

图7-68

图7-66

04 在导览面板中单击"播放"按钮，即可预览最终效果，如图7-69所示。

02 单击"转场"按钮，进入"转场"素材库，在"画廊"下拉列表中选择"过滤"选项，选择"交叉淡化"转场，如图7-67所示。

图7-69

图7-67

> **提示**
>
> "交叉淡化"转场还可以制作黑场和白场的转场效果。在素材后面添加"黑色"或"白色"色彩素材，在素材之间添加"交叉淡化"转场，然后修改到合适的区间即可。

03 将其拖动到视频轨中的两个素材之间，如图7-68所示。

在相册转场素材库中，只有一个转场效果，即翻转转场，此转场效果是以相册翻动的形式转场。

视频文件：视频\第7章\7.3.2相册转场.mp4

实例效果
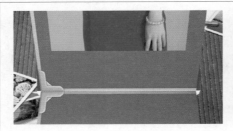
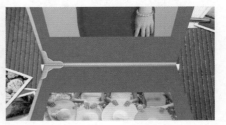

01 在会声会影2018的视频轨中添加两张图片素材，如图7-70所示，并分别调整到屏幕大小。

图7-70

02 单击"转场"按钮，进入"转场"素材库，在"画廊"下拉列表中选择"相册"选项，选择"翻转"转场，如图7-71所示。

图7-71

03 将其拖动到视频轨中的两个素材之间，如图7-72所示。

图7-72

04 展开选项面板，单击"自定义"按钮，如图7-73所示。

图7-73

05 进入"翻转-相册"对话框，在"相册封面模板"选项组中选择第2个相册封面，如图7-74所示。

06 切换至"背景和阴影"选项卡，选择第2个背景模板，如图7-75所示，然后单击"确定"按钮以完成设置。

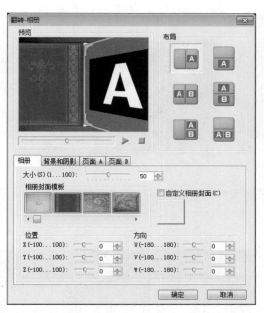

图7-74

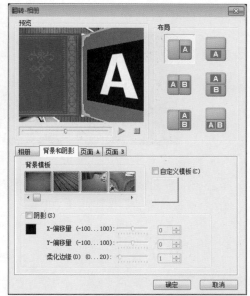

图7-75

07 在布局中选择第4种布局样式，如图7-76所示。

08 在导览面板中单击"播放"按钮，预览最终效果，如图7-77所示。

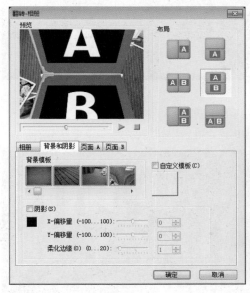

图7-76

图7-77

7.3.3 百叶窗转场

百叶窗转场是比较受大家青睐的一种转场效果，根据影片叙事的需要，将场景的画面以百叶窗形式展示。

视频文件：视频\第7章\7.3.3百叶窗转场.mp4

实例效果

01 在会声会影2018的视频轨中添加两张图片素材，如图7-78所示，并调整到屏幕大小。

02 单击"转场"按钮，在"擦拭"转场素材库中，选择"百叶窗"转场，如图7-79所示。

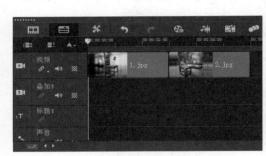

图7-78

图7-79

03 将其拖动到视频轨中的素材之间，如图7-80所示。

04 单击"播放"按钮，在预览窗口中预览应用"百叶窗"转场的效果，如图7-81所示。

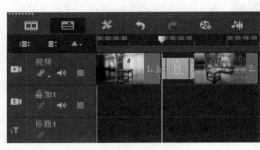

图7-80

图7-81

7.3.4 遮罩转场

遮罩转场可以将不同的图像或对象作为遮罩应用到转场效果中，从而显示下一个镜头。

视频文件：视频\第7章\7.3.4遮罩转场.mp4

实例效果	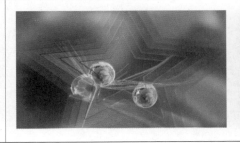

01 在会声会影2018的视频轨中添加两张图片素材，如图7-82所示，并调整到屏幕大小。

02 单击"转场"按钮，在"遮罩"转场素材库中，选择"遮罩F"转场，如图7-83所示。

图7-82

图7-83

03 将其添加到视频轨中的素材之间，如图7-84所示。

04 单击"播放"按钮，在预览窗口中预览应用"遮罩F"转场后的效果，如图7-85所示。

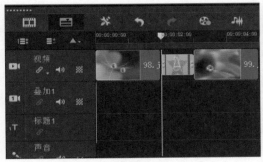

图7-84

图7-85

第8章 字幕的添加与制作

素材

视频

在视频作品中，片头字幕、片中滚动字幕、片尾演员介绍字幕等都起到了画龙点睛的作用。会声会影不仅提供了多种预设标题效果，还能为标题设置各种属性、动画及滤镜效果。本章我们将介绍字幕的添加与制作。

8.1 添加字幕

添加字幕是影片制作的重要环节之一。在会声会影2018中可以直接使用预设字幕，也可以将其添加到时间轴后对其进行再次编辑。除了预设字幕外，用户也可自行创建字幕。

8.1.1 添加预设字幕

会声会影2018的标题素材库中提供了34种预设字幕，将预设字幕直接添加到时间轴中即可。

1. 拖动添加

与添加其他媒体文件到时间轴的操作一样，标题素材也可以直接拖动到时间轴中使用。

视频文件：视频\第8章\8.1.1添加预设字幕.mp4

实例效果

01 在会声会影2018的视频轨中，单击鼠标右键，执行"插入照片"命令，如图8-1所示。

02 在弹出的对话框中选择素材，单击"打开"按钮，添加一张图片素材到视频轨中，如图8-2所示。

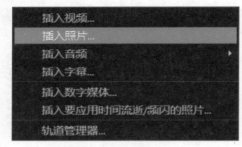

图8-1

图8-2

03 单击"标题"按钮 **T**，进入"标题"素材库，在预设标题中选择任意一个标题，如图8-3所示。

图8-3

04 在预览窗口中预览预设标题的效果，如图8-4所示。

图8-4

05 拖动预设标题到标题轨中，如图8-5所示。

图8-5

06 单击导览面板中的"播放"按钮，预览添加标题样式后的效果，如图8-6所示。

图8-6

2. 使用鼠标右键添加

在会声会影2018中，标题不仅可以添加到标题轨上，也可添加到视频轨及覆叠轨中。除了将标题直接拖动到时间轴外，还可以选择标题素材库中的预设标题。单击鼠标右键，执行"插入到"命令，选择不同的轨道选项，如图8-7所示，即可将其添加到相应的轨道中。

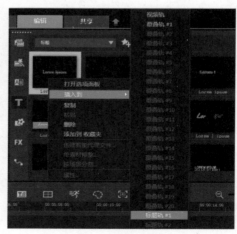

图8-7

或者执行"复制"命令，如图8-8所示。执行操作后，光标形状如图8-9所示。将光标放置在时间轴中的视频轨、覆叠轨或标题轨中均可。

图8-8

图8-9

8.1.2 创建字幕

单击"标题"按钮后，在预览窗口中双击鼠标左键即可添加标题。

视频文件：视频\第8章\8.1.2创建字幕.mp4

实例效果

[01] 在会声会影2018的视频轨中添加一张图片素材，如图8-10所示。

[02] 将素材调整到屏幕大小，在预览窗口中预览效果，如图8-11所示。

图8-10

图8-11

[03] 单击素材库面板中的"标题"按钮 T，在预览窗口中出现提示字样，如图8-12所示。

[04] 在预览窗口中双击鼠标左键，进入标题的输入模式，如图8-13所示。

图8-12　　　　　　　　　　　　　　　　　　图8-13

05 输入文字，在输入框外单击鼠标，使标题进入编辑模式，拖动字幕到合适的位置，如图8-14所示。

06 在预览窗口中预览添加标题后的效果，如图8-15所示。

图8-14　　　　　　　　　　　　　　　　　　图8-15

➡ **提示1**

创建的字幕自动添加到时间轴的标题轨中。

➡ **提示2**

当标题处于编辑模式时，在另一处单击鼠标左键即可添加新的标题字幕。

8.2　字幕样式

在会声会影2018中，创建的字幕以默认的设置显示，用户可以根据需要调整字幕的对齐方式、文本方向、预设标题格式等。

8.2.1　设置对齐样式

若需要创建大量的段落文本字幕，则可以使用对齐样式对字幕进行对齐操作，对齐样式包括了左对齐、居中和右对齐3种。

视频文件：视频\第8章\8.2.1设置对齐样式.mp4

实例效果		

01 在会声会影2018的视频轨中添加一张图片素材，如图8-16所示。

02 在预览窗口中预览效果，如图8-17所示。

图8-16　　　　　　　　　　　　　　　图8-17

03 单击素材库面板中的"标题"按钮 **T**，在预览窗口中输入字幕，如图8-18所示。

04 进入选项面板，设置默认的对齐样式为"居中"，如图8-19所示。

图8-18　　　　　　　　　　　　　　　图8-19

05 单击"左对齐"按钮，如图8-20所示。

06 在预览窗口中预览文字左对齐的效果，如图8-21所示。

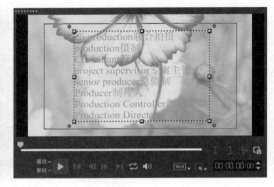

图8-20　　　　　　　　　　　　　　　　　　　图8-21

07 在选项面板中单击"右对齐"按钮，如图8-22所示。

08 在预览窗口中预览文字右对齐的效果，如图8-23所示。

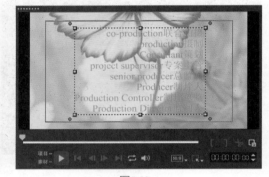

图8-22　　　　　　　　　　　　　　　　　　　图8-23

8.2.2　更改文本显示方向

会声会影2018创建的字幕默认为水平方向显示，在选项面板中可以将方向更改为垂直。

视频文件：视频\第8章\8.2.2更改文本显示方向.mp4

实例效果

01 在会声会影2018的视频轨中添加一张图片素材，如图8-24所示。

02 单击"标题"按钮，在预览窗口中输入字幕，预览效果，如图8-25所示。

图8-24 图8-25

03 选择字幕，进入"编辑"选项面板，单击"将方向更改为垂直"按钮，如图8-26所示。

04 此时的字幕已经更改了显示方向，在预览窗口中调整素材的位置，效果如图8-27所示。

图8-26 图8-27

> **提示**
>
> 再次单击"将方向更改为垂直"按钮，即可将文字恢复到水平方向显示。

8.2.3 使用预设标题格式

除了素材库中提供了预设标题外，在选项面板中还提供了24种预设的标题格式。

视频文件：视频\第8章\8.2.3使用预设标题格式.mp4

实例效果

01 在会声会影2018的视频轨中添加一张图片素材，如图8-28所示。

02 单击"标题"按钮，在预览窗口双击鼠标以输入字幕，预览效果，如图8-29所示。

图8-28

图8-29

03 选择时间轴中的标题，在选项面板中单击"选取标题样式预设值"按钮，如图8-30所示。

图8-30

04 在弹出的下拉列表中选择合适的预设格式，如图8-31所示。

图8-31

05 在预览窗口中调整标题的位置，预览使用预设标题格式的效果，如图8-32所示。

图8-32

8.3 编辑标题属性

编辑标题的属性包括对标题的区间、字体、大小、边框、阴影及背景的设置。

8.3.1 设置字幕区间

设置标题区间的方法与设置素材区间的方法相同。

视频文件：视频\第8章\8.3.1设置字幕区间.mp4

1. 时间轴中设置

在时间轴中标题的长短即标题的区间，通过缩短或拉长标题操作，即可调整标题的区间。

01 在时间轴中选中标题，此时标题呈黄色边框显示，将鼠标放置在素材边缘，如图8-33所示。

02 单击鼠标左键并向右拖动鼠标，光标附近显示区间参数，如图8-34所示，到合适的位置释放鼠标，即可调整标题的区间。

图8-33   图8-34

2. 选项面板设置

在选项面板中显示了当前标题的区间参数，将其进行修改即可。

在时间轴中选中标题，进入选项面板，在"区间"中单击鼠标，当光标呈闪烁状态时，输入区间即可，如图8-35所示。

图8-35

➡ **提示**

默认的标题区间参数为3秒，用户可以在参数选项中进行设置。

8.3.2　字体设置

在输入字幕前可对字体进行设置，或者在添加字幕后再在选项面板中修改字体。

视频文件：视频\第8章\8.3.2字体设置.mp4

实例效果

01 启动会声会影2018，在视频轨中添加一张图片素材，如图8-36所示。

02 单击标题按钮，在预览窗口中双击鼠标，进入输入状态，如图8-37所示。

图8-36　　　　　　　　　　　　　　　图8-37

03 输入字幕，在选项面板中的字体 T 中单击鼠标，在弹出的下拉列表中选择字体，如图8-38所示。

04 修改字体后，在预览窗口中调整字幕的位置，最终效果如图8-39所示。

图8-38　　　　　　　　　　　　　　　图8-39

8.3.3　文字大小

在会声会影2018中输入字幕后，可以对文字的大小进行调整，以适应整体画面。

视频文件：视频\第8章\8.3.3文字大小.mp4

| 实例效果 |   |

01 启动会声会影2018，在视频轨中添加一张图片素材，如图8-40所示。

02 单击标题按钮，在预览窗口中双击鼠标，输入字幕，如图8-41所示。

图8-40

图8-41

03 在预览窗口中将鼠标放置在文字四周的黄色节点上，拖动鼠标即可调整文字的大小，如图8-42所示。

04 在选项面板中的文字大小 文本框中直接输入数值，或单击倒三角按钮，在弹出的列表中选择文字大小，如图8-43所示。

05 在预览窗口中预览调整文字大小后的效果。

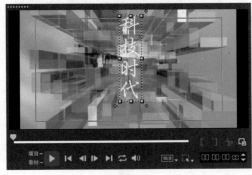

图8-42

图8-43

8.3.4　文字颜色

修改文字颜色能使字幕与视频更加和谐统一。

视频文件：视频\第8章\8.3.4字体颜色.mp4

实例效果	 

01 启动会声会影2018，在视频轨中添加一张图片素材，如图8-44所示。

02 调整素材的大小。单击标题按钮，在预览窗口中双击鼠标，输入字幕，如图8-45所示。

图8-44

图8-45

03 选择文字，在选项面板中单击色彩的色块，如图8-46所示。

04 在弹出的列表中选择其他的颜色，如图8-47所示。

图8-46

图8-47

05 在预览窗口中预览修改文字颜色后的效果，如图8-48所示。

图8-48

突破平面·会声会影2018视频编辑与制作

2018

8.3.5 旋转角度

除了可以在选项面板中设置文字的旋转角度外，还可以直接在预览窗口中进行调整。

视频文件：视频\第8章\8.3.5旋转角度.mp4

实例效果		

01 启动会声会影2018，在视频轨中添加一张图片素材，如图8-49所示。

02 单击标题按钮，在预览窗口中双击鼠标，输入字幕，如图8-50所示。

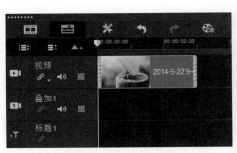

图8-49

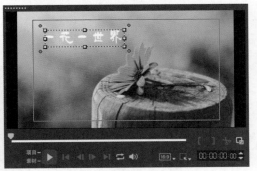

图8-50

03 在预览窗口中将鼠标放置在文字编辑框外的红色节点上，此时的光标显示如图8-51所示。

04 单击鼠标并拖动即可旋转角度，如图8-52所示。

图8-51

图8-52

05 释放鼠标即可调整文字的角度，或者在选项面板中的"按角度旋转"图标后输入数值，如图8-53所示。

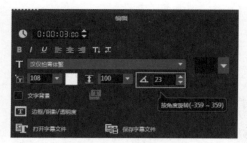

图8-53

图8-54

06 调整角度后，在预览窗口中预览最终效果，如图8-54所示。

8.3.6　字幕边框

为标题添加边框能突出标题内容。在"边框/阴影/透明度"对话框中可以对文字的边框大小、边框颜色、透明度等参数进行设置。

1.　为文字添加边框

视频文件：视频\第8章\8.3.6字幕边框.mp4

实例效果

01 启动会声会影2018，在视频轨中添加图片素材，如图8-55所示。

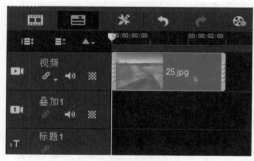

图8-55

02 单击"标题"按钮，在预览窗口中双击鼠标，输入字幕，并调整其大小与位置，如图8-56所示。

图8-56

03 进入"编辑"选项卡，单击"边框/阴影/透明度"按钮，如图8-57所示。

04 弹出"边框/阴影/透明度"对话框，进入"边框"选项卡，如图8-58所示。

图8-57

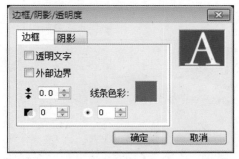

图8-58

05 选中"外部边界"复选框，设置边框宽度为3.0，在线条色彩后单击色块，选择颜色，如图8-59所示。

图8-59

06 在预览窗口中预览外部边界的效果，如图8-60所示。

图8-60

2. "边框"选项卡详解

下面对"边框/阴影/透明度"对话框中"边框"选项卡中的参数进行详细介绍。

● **透明文字**

勾选"透明文字"复选框，设置边框宽度及颜色后，文字将以镂空显示，如图8-61所示。

图8-61

● **外部边界**

为文字添加边框，勾选"外部边界"复选框后，对应调整边框宽度及边框色彩，则显示边框的效果，如图8-62所示。

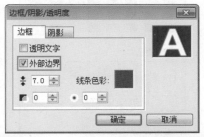

图8-62

● **边框宽度**

在文本框中直接输入边框的数值，或者

2018

单击上下两个三角图标来调整边框的宽度。

● 线条色彩

单击线条色彩后的色块，在弹出的下拉列表中可以直接选择颜色，如图8-63所示。或单击色彩选取器选项，在弹出的对话框中可以自定义需要的颜色。单击"Windows色彩选取器"选项后，弹出"颜色"对话框，单击"规定自定义颜色"按钮后，即可在拾色器中选择不同的颜色，如图8-64所示。

图8-63

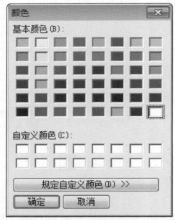

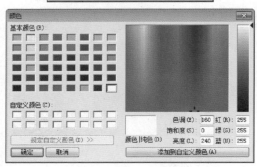

图8-64

● 文字透明度

在文字透明度中输入的数值越大，透明度越低，数值范围为0～99。图8-65所示为修改文字透明度后的效果。

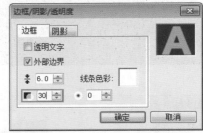

图8-65

● 柔化边缘

设置柔化边缘后，在文字的边缘出现柔化效果，如图8-66所示。

图8-66

突破平面：会声会影2018视频编辑与制作

2018

8.3.7 文字背景

在会声会影2018中可以为文字添加背景，制作滚动字幕等效果。本节将介绍文字背景的使用。

1. 应用文字背景

下面以实例的形式讲解如何应用文字背景。

视频文件：视频\第8章\8.3.7文字背景.mp4

| 实例效果 |   |

01 在视频轨中添加视频素材，如图8-67所示。

图8-67

02 单击"标题"按钮，在预览窗口中双击鼠标，输入字幕内容，如图8-68所示。

图8-68

03 进入"编辑"选项面板，单击"将方向更改为垂直"按钮，选中"文字背景"复选框，如图8-69所示。

图8-69

04 单击"自定义文字背景的属性"按钮，如图8-70所示。

图8-70

05 在弹出的对话框中单击"随文字自动调整"单选按钮，在"类型"下拉列表中选择"椭圆"选项，如图8-71所示。

06 单击"填满"单选按钮，设置颜色为红色，"透明度"数值为20，如图8-72所示。

图8-71 　　　　　　图8-72

07 单击"确定"按钮以完成设置，在预览窗口中调整标题的大小及位置，最终效果如图8-73所示。

图8-73

2. "文字背景"参数详解

下面对"文字背景"对话框中的参数进行介绍。

◎ 填满背景栏：将背景调整到背景栏大小。

◎ 随文字自动调整：将文字背景设置为文本大小，包括椭圆、矩形、曲边矩形、圆角矩形。

◎ 放大：放大程度决定了显示阴影的大小。

◎ 填满：设置阴影的颜色，单击色块，可以选择一种单色阴影。

◎ 渐变：设置阴影为渐变色，选择两种颜色的渐变效果，单击↓或→按钮可以选择渐变为"上下渐变"或"左右渐变"效果。

◎ 透明度：设置文字背景的不透明度。

8.3.8 标题阴影

标题阴影是指对标题设置阴影效果。在会声会影2018中共有4种标题阴影效果。下面将介绍标题阴影的添加与应用。

1. 应用文字阴影

视频文件：视频\第8章\8.3.8标题阴影.mp4

实例效果

01 在会声会影2018的视频轨中添加一张图片素材，如图8-74所示。

图8-74

02 单击"标题"按钮，在预览窗口中双击鼠标，输入字幕，如图8-75所示。

图8-75

03 在选项面板中单击"边框/阴影/透明度"按钮，如图8-76所示。

图8-76

04 弹出"边框/阴影/透明度"对话框，切换至"阴影"选项卡，单击"下垂阴影"按钮，并设置参数与颜色，如图8-77所示。

05 单击"确定"按钮以完成设置，在预览窗口中预览添加阴影后的效果，如图8-78所示。

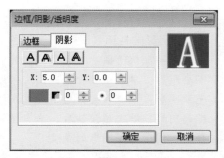

图8-77

图8-78

06 同样，也可以在"边框/阴影/透明度"对话框中选择其他阴影类型，并设置参数与颜色，如图8-79所示。

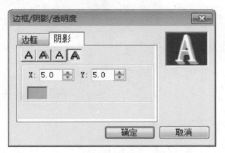

图8-79

07 在预览窗口中预览设置"突起阴影"后的效果，如图8-80所示。

图8-80

2．阴影参数详解

下面对阴影内各参数进行一一介绍。

◎ 无阴影：默认选项，文字没有添加任何阴影。

◎ 下垂阴影：单击该按钮后，为文字添加下垂阴影。

◎ 光晕阴影：单击该按钮后，在文字的周围添加光晕效果。

◎ 突起阴影：单击该按钮后，为文字添加突起阴影。

◎ 强度：用于设置阴影的强度。

◎ X/Y：用于设置阴影的水平与垂直偏移量。

◎ 阴影色彩：单击色块，可以在弹出的列表中选择阴影的颜色。

◎ 阴影透明度■：设置阴影的透明度参数。

◎ 阴影柔化边缘◉：设置阴影边缘的柔化效果。

8.3.9　网格线

在会声会影2018的预览窗口中显示网格线后，可设置文字自动贴近网格，或对文字位置进行精准的调整。

1．显示网格线

下面介绍如何在预览窗口中显示网格线。

视频文件：视频\第8章\8.3.9网格线.mp4

实例效果

01 启动会声会影2018，在视频轨中添加图片素材，如图8-81所示。

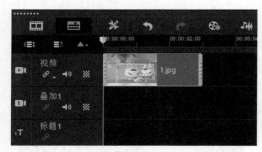
图8-81

02 单击"标题"按钮，在预览窗口中双击鼠标左键，输入字幕，如图8-82所示。

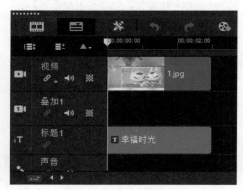
图8-82

03 选择标题，在选项面板中设置文字参数，单击"边框/阴影/透明度"按钮，如图8-83所示。

04 弹出对话框，切换至"阴影"选项卡，单击"光晕阴影"按钮，设置"强度"为13，如图8-84所示。

图8-83　　　　　　　　　　　　　　　图8-84

05 单击"确定"按钮以完成设置。选中"显示网格线"复选框，如图8-85所示。

06 在预览窗口中即显示了蓝色的网格线，如图8-86所示。

图8-85　　　　　　　　　　　　　　　图8-86

07 在选项面板中单击"网格线选项"按钮，如图8-87所示。

08 在"网格线选项"对话框中设置参数，如图8-88所示，单击"确定"按钮以完成设置。

图8-87　　　　　　　　　　　　　　　图8-88

09 在预览窗口中根据网格调整位置，如图8-89所示。

10 在选项面板中取消显示网格线，预览最终效果，如图8-90所示。

图8-89　　　　　　　　　　　　　　　图8-90

2. 网格线选项参数介绍

◎ 网格大小：通过滑块调整网格的大小，向右拖动滑块时网格变大。

◎ 靠近网格：选中该复选框后，在预览窗口中拖动文字时会自动靠近网格。

◎ 线条类型：用于设置线条的类型，包括了填满、虚线、点、虚线-点、虚线-点-点等5
个选项。

◎ 线条色彩：用于设置网格线的颜色。

8.3.10 文字对齐

在选项面板中通过对齐选项组中的各个按钮，可以对文字进行对齐操作。

视频文件：视频\第8章\8.3.10文字对齐.mp4

实例效果

01 在会声会影2018的视频轨中添加图片素材，如图8-91所示。

02 单击"标题"按钮，在预览窗口中输入字幕，如图8-92所示。

图8-91   图8-92

03 选择字幕，在选项面板的"对齐"选项组中单击"对齐到左边中央"按钮，如
图8-93所示。

04 在预览窗口中文字自动对齐到屏幕左边中央的位置，如图8-94所示。

图8-93   图8-94

8.4 动态字幕效果

在会声会影2018中，除了可对标题的各种属性进行设置外，还可以设置标题动画效果。在会声会影2018中，标题动画包括"淡化""弹出""翻转""飞行""缩放""下降"和"摇摆"8种类型。

8.4.1 "淡化"效果

"淡化"是标题以淡入淡出的动画效果来显示的，本节将介绍标题"淡化"效果的添加与应用。

视频文件：视频\第8章\8.4.1 "淡化"效果.mp4

实例效果

01 在会声会影2018的视频轨中添加图片素材，如图8-95所示。

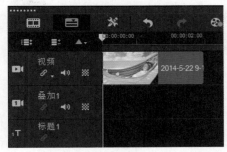

图8-95

02 单击"标题"按钮，在预览窗口中双击鼠标，输入字幕，如图8-96所示。

图8-96

03 进入"编辑"选项卡，设置字体、字体大小、字体颜色，单击"边框/阴影/透明度"按钮，如图8-97所示。

图8-97

04 在弹出的对话框中，选中"外部边界"复选框，设置边框宽度为2、颜色为白色，如图8-98所示。

图8-98

05 单击"确定"按钮。切换至属性选项卡，选中"应用"复选框，如图8-99所示。

06 在"淡化"类型中选择第2个预设动画效果，如图8-100所示。

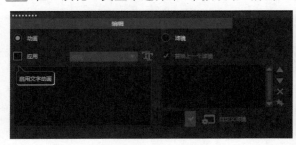 

图8-99　　　　　　　　　　　　　　　　　　图8-100

> **➜ 提示**
>
> 　　单击"自定义动画属性"按钮![icon]，可以对动画的淡化样式和动画暂停区间进行设置。

07 在导览面板中单击"播放"按钮，查看应用"淡化"后的标题动画效果，如图8-101所示。

图8-101

8.4.2 "弹出"效果

"弹出"是标题以弹出的方式显现，可以设置不同的弹出方向。共有8种预设动画效果，下面将以其中一种动画效果为例来介绍标题"弹出"的应用。

视频文件：视频\第8章\8.4.2"弹出"效果.mp4

实例效果	 

01 在会声会影2018的视频轨中添加一张图片素材，如图8-102所示。

02 单击"标题"按钮，在预览窗口中双击鼠标，输入字幕内容，如图8-103所示。

图8-102　　　　　　　　　　　　　图8-103

03 选择标题，进入选项面板中，切换至属性选项卡，选中"应用"复选框，在"选取动画类型"下拉列表中选择"弹出"选项，如图8-104所示。

04 在"弹出"的动画类型中选择第2个预设效果，如图8-105所示。

图8-104　　　　　　　　　　　　　图8-105

05 单击导览面板中的"播放"按钮，在预览窗口中预览应用弹出标题动画后的效果，如图8-106所示。

图8-106

8.4.3 "翻转"效果

"翻转"效果是标题以翻转回旋的形式显现的动画效果，共有8种预设动画效果，下面将以其中一种动画效果为例来介绍标题"翻转"的应用。

视频文件：视频\第8章\8.4.3"翻转"效果.mp4

实例效果		

01 在会声会影2018的视频轨中添加一张图片素材，如图8-107所示。

图8-107

02 单击"标题"按钮，在预览窗口中双击鼠标，输入字幕，如图8-108所示。

图8-108

03 进入选项面板，切换至属性选项卡，选中"应用"复选框，如图8-109所示。

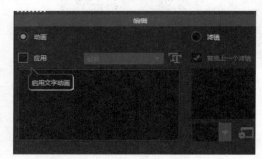

图8-109

04 在"选取动画类型"的下拉列表中选择"翻转"选项，如图8-110所示。

05 在"翻转"的动画类型中默认选择默认的第1个预设动画效果，如图8-111所示。

06 在导览面板中调整暂停区间，如图8-112所示。

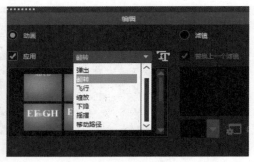

图8-110

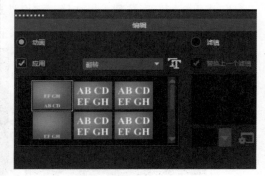

图8-111

图8-112

07 单击导览面板中的"播放"按钮，预览应用"翻转"后的标题动画效果，如图8-113所示。

图8-113

8.4.4 "缩放"效果

"缩放"是标题以小变大或以大变小的方式显现出的动画效果。共有8种预设动画效果，下面将以其中一种动画效果为例来介绍标题"缩放"的应用。

视频文件：视频\第8章\8.4.4 "缩放"效果.mp4

实例效果

01 在会声会影2018的视频轨中添加一张图片素材，如图8-114所示。

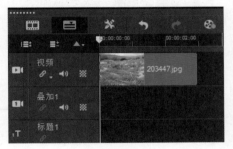

图8-114

02 单击"标题"按钮，在预览窗口中双击鼠标，输入字幕，如图8-115所示。

图8-115

03 选择标题，进入选项面板，切换至属性选项卡，选中"应用"复选框，在"选取动画类型"下拉列表中选择"缩放"选项，如图8-116所示。

04 在"缩放"动画类型中选择第2个预设效果，如图8-117所示。

图8-116

图8-117

05 在导览面板中单击"播放"按钮，预览应用"缩放"后的标题动画效果，如图8-118所示。

图8-118

"下降"是标题以下降的方式显现的动画效果。在"下降"类别中提供了5种预设效果。下面将以其中一种动画效果为例来介绍标题"下降"的应用。

视频文件：视频\第8章\8.4.5 "下降"效果.mp4

实例效果

01 在会声会影2018的视频轨中添加一张图片素材，如图8-119所示。

图8-119

02 单击"标题"按钮，在预览窗口中双击鼠标，输入字幕，如图8-120所示。

图8-120

03 在选项面板中设置文字参数，如图8-121所示。

图8-121

04 切换至属性选项卡，选中"应

用"复选框，在"选取动画类型"下拉列表中选择"下降"选项，如图8-122所示。

图8-122

05 在"下降"动画类型中选择第二个预设效果，如图8-123所示。

图8-123

06 在导览面板中单击"播放"按钮，预览应用"下降"后的标题动画的效果，如图8-124所示。

图8-124

8.4.6 "移动路径"效果

"移动路径"是标题以指定的路径移动的效果，共有26种预设动画效果。下面将以其中一种动画效果为例，来介绍标题"移动路径"的应用。

视频文件：视频\第8章\8.4.6"移动路径"效果.mp4

实例效果

01 在会声会影2018的视频轨中添加一张图片素材，如图8-125所示。

02 单击"标题"按钮，在预览窗口中双击鼠标，输入字幕，如图8-126所示。

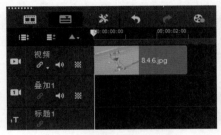

图8-125　　　　　　　　　　　　　　图8-126

03 进入选项面板，设置字体、字体大小及字体颜色，如图8-127所示。

04 切换至属性选项卡，选中"应用"复选框，如图8-128所示。

图8-127　　　　　　　　　　　　　　图8-128

05 在"选取动画类型"的下拉列表中选择"移动路径"选项，如图8-129所示。

06 在"移动路径"动画中选择第11个动画预设效果，如图8-130所示。

图8-129　　　　　　　　　　　　　　图8-130

07 单击导览面板中的"播放"按钮，预览应用"移动路径"后的标题动画效果，如图8-131所示。

图8-131

8.4.7　自定义动画属性

在为标题添加动画效果后，除了使用不同类型下的预设效果外，还可以设置自定义的动画效果。下面将介绍自定义动画的操作。

视频文件：视频\第8章\8.4.7自定义动画属性.mp4

实例效果

01 在会声会影2018的视频轨中添加一张图片素材，如图8-132所示。

02 单击"标题"按钮，在预览窗口中双击鼠标，输入字幕，如图8-133所示。

图8-132　　　　　　　　　　　　　　　　图8-133

03 进入选项面板，设置字体、字体大小及字体颜色，如图8-134所示。

04 切换至属性选项卡，选中"应用"复选框，如图8-135所示。

图8-134

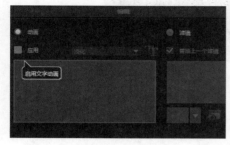

图8-135

05 选择"淡化"类别的第一个动画，然后单击"自定动画属性"按钮，如图8-136所示。

图8-136

06 弹出对话框，单击"淡出"单选按钮，如图8-137所示。单击"确定"按钮以完成设置。

图8-137

07 用同样的方法调整其他文字的动画属性。

08 单击导览面板中的"播放"按钮，预览设定自定动画属性后的效果，如图8-138所示。

图8-138

8.5 字幕编辑器

会声会影视频编辑器可以根据影片中的音频来检测出需要添加字幕的片段，自动添加空白字幕，从而使字幕与音频同步统一，进而大大提高制作字幕的工作效率。

8.5.1 认识字幕编辑器

在时间轴中选中一段视频或音频，单击时间轴上方的"字幕编辑器"按钮 ，即可打开"字幕编辑器"对话框，如图8-139所示。

图8-139

下面对字幕编辑器中的各参数进行简单介绍。

◎ 录音质量：可以设置语音检测中的声音质量，包括"普通（较多背景噪音）""良好（较少背景噪音）""最佳（无背景噪音）"3个选项。

◎ 敏感度：设置语音检测的敏感度。

◎ 扫描：单击该按钮，开始扫描语音，并根据语音自动生成相应的字幕。

◎ 播放选择的字幕部分▶：选择一段字幕后，单击该按钮，则在左侧预览窗口中自动播放字幕所在区间的画面。

◎ 添加新字幕╋：单击该按钮，可以在字幕组中新增一条字幕。

◎ 删除选择的字幕━：选择字幕后，单击该按钮，则可删除选取的字幕。

◎ 合并字幕：选择多条字幕后，单击该按钮，则可将字幕的区间进行合并。

◎ 时间偏移：单击该按钮，弹出图8-140所示的对话框，在其中可对字幕的时间进行设定。

◎ 导入字幕文件：可将外部的字幕文件导入到字幕组中。字幕的格式包括utf、srt、lrc3类。

◎ 导出字幕文件：将字幕组中已有的字幕输出到计算机中。

◎ 文本选项：单击该按钮，打开对话框，

如图8-141所示，在其中可对字幕的字体、字号、字体颜色等参数进行设置。

图8-140

图8-141

8.5.2 使用字幕编辑器

下面以实例的形式介绍字幕编辑器的使用。

视频文件：视频\第8章\8.5.2使用字幕编辑器.mp4

| 实例效果 |  |  |

 在会声会影2018的视频轨中添加一段视频素材，如图8-142所示。

图8-142

02 单击时间轴上方的"字幕编辑器"按钮，如图8-143所示。

图8-143

03 打开对话框，单击"扫描"按钮，如图8-144所示。

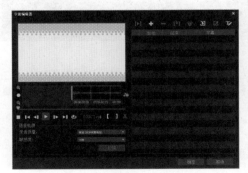

图8-144

04 弹出对话框，开始对语音进行检测，如图8-145所示。

图8-145

05 检测完成后，在右侧的字幕组中新增了字幕，如图8-146所示。

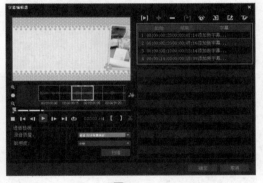

图8-146

06 在字幕列表下双击鼠标左键，如图8-147所示，即可输入字幕。

图8-147

07 输入字幕后，在文本框外单击鼠标，即可完成字幕的添加。用同样的方法输入其他字幕，如图8-148所示。

	起始	结束	字幕
1	00:00:00.27	00:00:01.16	生日派对
2	00:00:02.24	00:00:07.19	糖果区
3	00:00:08.12	00:00:13.16	生日快乐，小天使
4	00:00:14.03	00:00:15.10	哈哈

图8-148

08 在对话框左侧的预览窗口中可以预览添加字幕后的效果，如图8-149所示。

图8-149

09 单击"文本选项"按钮，如图8-150所示。

图8-150

10 弹出"文本选项"对话框，可对字幕参数进行设置，如图8-151所示。

11 单击"确定"按钮以关闭对话框。再次预览效果，待效果满意后单击"确定"按钮，完成设置，如图8-152所示。

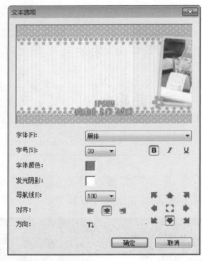

图8-151

图8-152

12 在时间轴中的标题轨中新增了添加的多个字幕，如图8-153所示。

图8-153

13 在预览窗口中可对字幕进行二次编辑，包括角度、位置等，如图8-154所示。

14 在导览面板中单击"播放"按钮，预览最终效果，如图8-155所示。

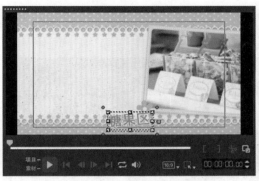
图8-154

图8-155

8.6 标题滤镜的使用

标题滤镜同视频滤镜一样，能为标题添加特效，在本节中将具体介绍标题滤镜的应用。

视频文件：视频\第8章\8.6标题滤镜的使用.mp4

实例效果	

01 在会声会影2018的视频轨中添加图片素材，如图8-156所示。

02 单击"标题"按钮，在预览窗口中双击鼠标，输入字幕，如图8-157所示。

图8-156

图8-157

03 单击"滤镜"按钮，进入"滤镜"素材库，在"画廊"下拉列表中选择"标题效果"选项，如图8-158所示。

04 选择"水流"滤镜，如图8-159所示，将其拖入到时间轴中的标题上。

图8-158

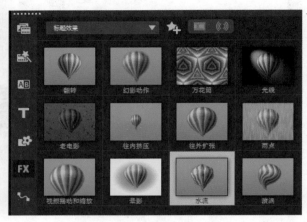

图8-159

05 在导览面板中单击"播放"按钮,预览添加标题滤镜后的效果,如图8-160所示。

图8-160

第9章 音频的添加与编辑

素材

声音是一部影片的灵魂，是不可或缺的元素。优美动听的背景音乐和配音可以对影片起到锦上添花的作用。所以，对于一部好的影片来说，音频的处理至关重要。本章将具体介绍音频的添加与编辑。

视频

9.1 音频的基本操作

音乐在视频后期制作中的作用不可忽视，将音乐与视频的高低起伏相融合，能使整个影片更具观赏性和视听性。本节将介绍添加音频、添加自动音乐、删除音频、录制画外音、分割音频、影音分离等基本操作。

9.1.1 添加音频

在视频后期编辑过程中，添加音频是不可缺少的步骤。在会声会影2018中可以直接添加素材库中的音频，也可添加电脑中的音频。

视频文件：视频\第9章\9.1.1添加音频.mp4

实例效果

01 在会声会影2018的视频轨中添加视频素材，如图9-1所示。

02 在"媒体"素材库中，单击"隐藏视频"和"隐藏照片"按钮，显示音频素材，如图9-2所示。

图9-1　　　　　　　　　　　　　　图9-2

03 在"音频"列表中，选择任意音频文件，将音频拖入到声音轨中并调整区间，如图9-3所示。

04 单击导览面板中的"播放"按钮，试听添加音频后的效果，如图9-4所示。

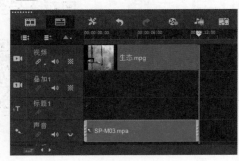
图9-3

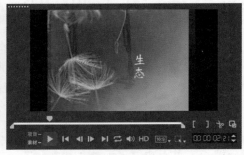
图9-4

> **提示**
>
> 在会声会影2018中，执行"文件"|"将媒体文件插入到时间轴"|"插入音频"|"到声音轨"命令，可将音频插入到声音轨中。

9.1.2 添加自动音乐

在会声会影2018中，自动音乐实际上就是一个预设的音乐库，我们可以在其中选择不同类型的音乐，然后根据影片的内容编辑音乐的风格或节拍。

1. 添加自动音乐

视频文件：视频\第9章\9.1.2添加自动音乐.mp4	
实例效果	 

01 在会声会影2018的视频轨中添加一段视频素材，如图9-5所示。

02 单击时间轴上方的"自动音乐"按钮，如图9-6所示。

图9-5

图9-6

03 展开"自动音乐"选项面板，在"类型"列表中选择一个选项，然后在"歌曲"列表中选择一个选项，最后在"版本"列表中选择一个选项，如图9-7所示。

图9-7

04 单击"播放选定歌曲"按钮，试听音乐效果，如图9-8所示。

图9-8

05 单击"停止"按钮，停止音乐的播放，如图9-9所示。

图9-9

06 用同样的方法试听其他音乐，选择合适的音乐后，单击"添加到时间轴"按钮，如图9-10所示。

图9-10

07 在时间轴中查看添加的自动音乐，如图9-11所示。

图9-11

08 单击面板中的"播放"按钮，在预览窗口中播放视频，试听添加自动音频后的效果，如图9-12所示。

图9-12

2. "自动音乐"面板参数介绍

图9-13所示为"自动音乐"面板，下面对面板中的各个参数进行简单介绍。

图9-13

◎ 类别：包括了不同类别的音乐。

◎ 歌曲：包括了一种类别的不同歌曲。

◎ 版本：包括了同一歌曲的不同版本。

◎ 播放选定歌曲：选中音乐后，单击该

按钮则对音乐进行播放。

◎ 添加到时间轴：单击该按钮，则可将选中的音乐添加到时间轴中。

◎ 自动修整：选中该复选框后，系统自动修整，从而使音频与影片的区间长度一致。

9.1.3 删除音频

将项目中的音频删除后，可以在再次编辑该项目时，为其添加其他的音频素材。

视频文件：视频\第9章\9.1.3删除音频.mp4

实例效果

01 启动会声会影2018，执行"文件"|"打开项目"命令，打开项目文件，如图9-14所示。

02 选中时间轴中的音频素材，单击鼠标右键，执行"删除"命令，如图9-15所示。

图9-14   图9-15

> 🠖 提示
>
> 选择时间轴中的音频素材，按Delete键可将其删除。

03 单击导览面板中的"播放"按钮，在预览窗口中播放视频，预览删除音频后的效果，如图9-16所示。

图9-16

9.1.4 录制画外音

在会声会影2018中,将麦克风正确连接到电脑上后,可以用麦克风录制语音文件并应用到影片中。

视频文件:视频\第9章\9.1.4录制画外音.mp4

实例效果

01 在会声会影2018的视频轨中添加视频素材,如图9-17所示。

图9-17

02 单击时间轴上方的"录制/捕获选项"按钮,如图9-18所示。

图9-18

03 弹出"录制/捕获选项"对话框,单击"画外音"按钮,如图9-19所示。

04 弹出"调整音量"对话框,对着麦克风测试语音输入设备,检测仪表工作是否正常,如图9-20所示。

图9-19

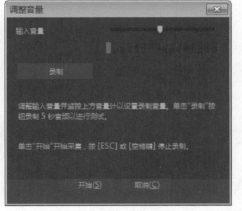

图9-20

 提示

也可以通过单击"录制"按钮录制5s进行音频测试。

05 单击"开始"按钮，通过麦克风录制语音，如图9-21所示。

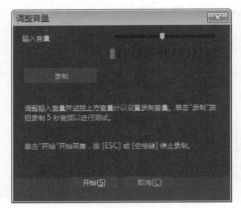

图9-21

06 按Esc键结束录音。录制结束后，语音素材会被插入到项目时间轴的语音轨中，如图9-22所示。

图9-22

→ **提示**

在录制的过程中时间轴的滑块开始移动，按键盘上的任意键，可以停止画外音的录制。

07 单击导览面板中的"播放"按钮，在预览窗口中播放视频，试听添加画外音后的效果，如图9-23所示。

图9-23

9.1.5 分割音频

若只需要一段音频中的某些片段，则可以使用分割音频操作，将音频分割成多段，并选取需要的部分或删除不需要的部分。

视频文件：视频\第9章\9.1.5分割音频.mp4

01 启动会声会影2018，在素材库中选择一段音频素材，将其添加到音乐轨中，如图9-24所示。

02 选择时间轴中的音频文件，移动时间滑块到需要分割的音频位置，单击鼠标右键，执行"分割素材"命令，如图9-25所示。

图9-24

03 按照以上方法，可根据需要将整段音频素材随意分割成几个部分，如图9-26所示。

图9-25   图9-26

→ 提示

　　在项目时间轴中，移动滑轨到想要分割的音频素材位置，单击导览面板中的"按照滑轨位置分割素材"按钮▧，也可以分割音频素材。

9.1.6　影音分离

　　影音分离是指将视频中原有的音频分离出来，生成单独的视频和音频文件。

视频文件：视频\第9章\9.1.6影音分离.mp4

实例效果	

（实例效果图片）

01 在会声会影2018的视频轨中添加视频素材，如图9-27所示。

02 选中视频素材，展开选项面板，单击"分割音频"按钮▧，如图9-28所示。

图9-27   图9-28

03 在时间轴中查看分离出来的音频文件，如图9-29所示。

04 选中音频文件，单击鼠标右键，执行"删除"命令，删除音频素材，如图9-30所示。

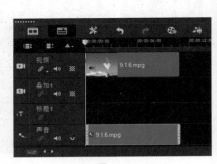

图9-29 图9-30

05 在预览窗口播放视频，查看音频分离删除后的效果，如图9-31所示。

图9-31

 **提示1**

在时间轴中选中视频，单击鼠标右键，执行"分割音频"命令即可分离音频文件。

提示2

选中视频素材，在选项面板中单击"静音"按钮，也可达到关闭原音频的目的。

9.2 调整音频

添加音频后还可对音频进行编辑调整，包括设置音频的淡入淡出效果、音量的调节、对音量进行重置，以及调节音频的左右声道。

9.2.1 设置淡入淡出

设置音频的淡入淡出能使多个音频衔接得更自然。

视频文件：视频\第9章\9.2.1设置淡入淡出.mp4

| 实例效果 |   |

01 启动会声会影2018，在视频轨中添加视频素材，如图9-32所示。

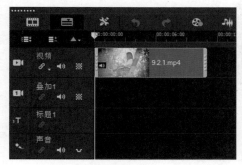

图9-32

02 在声音轨及音乐轨中分别添加音频素材，并调整各自的位置，如图9-33所示。

图9-33

03 选择声音轨中的音频，进入选项面板，单击"淡出"按钮，如图9-34所示。

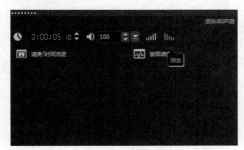

图9-34

04 选择音乐轨中的音频，单击鼠标右键，执行"淡入"命令，如图9-35所示。

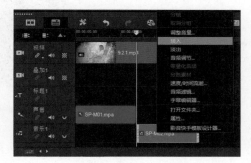

图9-35

05 单击导览面板中的"播放"按钮，试听音频的淡入淡出效果，如图9-36所示。

图9-36

> **提示**
>
> 如果需要取消音频的淡入淡出效果，只需在选项面板中再次单击"淡入"或"淡出"按钮即可。

9.2.2 调节音量

在会声会影中选择带有音乐的视频或选择单独的音频文件，在选项面板中可以将音频的音量调大或调小，以达到完美的视听效果。

视频文件：视频\第9章\9.2.2调节音量.mp4

实例效果

1. 选项面板调节

01 启动会声会影中2018，在视频轨中添加视频素材，如图9-37所示。

图9-37

02 展开选项面板，单击"素材声音"右侧的倒三角按钮，如图9-38所示。

图9-38

03 在弹出的音量调节器中拖动滑块到50处，如图9-39所示。

图9-39

04 或者直接在素材音量后的文本框中输入音量值，如图9-40所示。

图9-40

05 单击导览面板中的"播放"按钮，试听调节音量后的效果，如图9-41所示。

图9-41

2. 用鼠标右键调节

选择时间轴中的视频素材，单击鼠标右键，执行"调整音量"命令，如图9-42

所示。在弹出的对话框中设置相应的音量值，单击"确定"按钮即可，如图9-43所示。

图9-42　　　　　　　　　　　　　　　图9-43

9.2.3　使用音量调节线

音量调节线即轨中央的水平线条，使用调节线可以添加关键帧，关键帧的高低决定该处音量的大小。使用音量调节线调节音量，可以根据视频情节的高低起伏，制作出相应的音乐效果。

视频文件：视频\第9章\9.2.3使用音量调节线.mp4

实例效果

01 启动会声会影2018，执行"文件"|"打开项目"命令，打开一个项目文件，如图9-44所示。

02 选中音频素材，单击时间轴上的"混音器"按钮 ，如图9-45所示。

图9-44　　　　　　　　　　　　　　　图9-45

03 切换至混音器视图，将鼠标移至音频文件中间的黄色音量调节线上，此时鼠标呈向上的箭头形状 ，如图9-46所示。

04 单击鼠标并向上拖动到合适的位置，然后释放鼠标，即可添加控制点，如图9-47所示。

图9-46

图9-47

提示

若需要删除添加的控制点，只需将该控制点拖到素材外即可。

05 选择另外一处，单击鼠标并向下拖动，到合适的位置释放鼠标，即可添加第二个控制点，如图9-48所示。

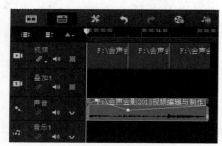

图9-48

06 用同样的方法，在另一处向上拖动调节线，添加第三个控制点，如图9-49所示。

图9-49

提示

拖动控制点时，在光标右侧会显示出调节的音量值。

07 单击导览面板中的"播放"按钮，在预览窗口中播放视频，试听使用调节线调节音量后的效果，如图9-50所示。

图9-50

9.2.4 重置音量

使用音量调节线后，可以单个删除调节线中的控制点，也可以执行"重置音量"命令将所有控制点全部删除。

视频文件：视频\第9章\9.2.4重置音量.mp4

01 选择时间轴中需要重置音量的音频素材，单击鼠标右键，执行"重置音量"命令，如图9-51所示。

02 完成操作后，音量调节线中的控制点全部被删除，恢复到水平线状态，如图9-52所示。

图9-51

图9-52

9.2.5　调节左右声道

所谓左右声道，通俗地讲就是左右耳机的声音输出。在会声会影2018中可以通过环绕混音面板对左右声道进行调节。

视频文件：视频\第9章\9.2.5调节左右声道.mp4

实例效果

01 启动会声会影2018，执行"文件"|"打开项目"命令，打开项目文件，如图9-53所示。

图9-53

02 选择时间轴中的音频素材，单击时间轴上方的"混音器"按钮，如图9-54所示。

图9-54

03 在"环绕混音"面板中单击"播放"按钮，如图9-55所示。

图9-55

04 播放音乐后，选择蓝色图标，向左拖动到合适的位置，如图9-56所示。释放鼠标后即可调节音频的左声道。

图9-56

05 向右拖动蓝色图标，如图9-57所示，至合适的位置后释放鼠标即可调节音频的右声道。

06 执行操作后，音频素材的音量调节线上新增了多个控制点，如图9-58所示。

图9-57

图9-58

9.3 音频滤镜的基本操作

会声会影2018不仅提供了视频、标题滤镜，还提供了音频滤镜。在音频上添加音频滤镜可以实现一些特殊的声音效果。

9.3.1 添加音频滤镜

为音频素材添加滤镜可以使影片的音频效果更加完美。

视频文件：视频\第9章\9.3.1添加音频滤镜.mp4

实例效果

01 启动会声会影2018，执行"文件"|"打开项目"命令，打开一个项目文件，如图9-59所示。

02 单击"滤镜"按钮，进入"滤镜"素材库，单击素材库上方的"显示音频滤镜"按钮，如图9-60所示。

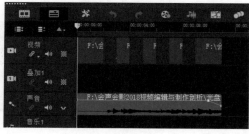
图9-59

图9-60

03 显示所有音频滤镜后，选择"NewBlue音频润色"滤镜，如图9-61所示，将其添加到视频轨上。

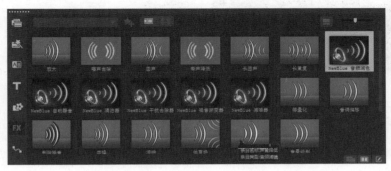

图9-61

04 添加滤镜后，在素材上单击鼠标右键，执行"音频滤镜"命令，如图9-62所示。

图9-62

05 打开"音频滤镜"对话框，如图9-63所示。

图9-63

06 在打开的对话框中对滤镜进行

设置，然后单击"确定"按钮，如图9-64所示。

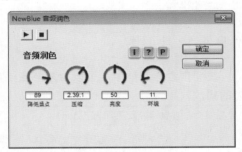

图9-64

07 单击导览面板中的"播放"按钮，试听音频滤镜效果，相应的画面如图9-65所示。

图9-65

9.3.2 删除音频滤镜

添加到音频上的滤镜也可以删除。选择时间轴中的音频素材，进入"选项"面板，单击"音频滤镜"按钮，如图9-66所示，弹出"音频滤镜"对话框，选择"已用滤镜"列表中的滤镜，单击"删除"按钮，如图9-67所示，即可将该音频滤镜删除，单击"确定"按钮以完成设置。

图9-66   图9-67

9.4 常见的音频滤镜

　　会声会影2018提供了20种音频滤镜，不同的滤镜所产生的效果也各不相同，下面介绍几种比较常见的音频滤镜。

9.4.1 回声

　　在会声会影2018中，可以为某些音频素材应用回声特效，以配合画面产生更具有震撼力的播放效果。

视频文件：视频\第9章\9.4.1回声.mp4

实例效果

　　01 启动会声会影2018，执行"文件"|"打开项目"命令，打开一个项目文件，如图9-68所示。

　　02 选择时间轴中的音频文件，打开选项面板，单击"音频滤镜"按钮，如图9-69所示。

图9-68   图9-69

　　03 弹出"音频滤镜"对话框，在"可用滤镜"列表中选择"回声"滤镜，然后单

突破平面：会声会影2018视频编辑与制作

2018

击"添加"按钮，如图9-70所示。

图9-70

04 在"已用滤镜"列表框中选择要设置的"回声"滤镜，单击"选项"按钮，如图9-71所示。

图9-71

05 在弹出的"已定义的回声效果"下拉列表中选择"自定义"效果，如图9-72所示。

图9-72

06 设置"回声特性"选项组中的

"延时"数值为1773ms，单击▶按钮预览回声滤镜的效果。若满意，则单击■按钮退出预览。单击"确定"按钮，完成回声特效的制作，如图9-73所示。

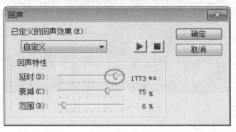

图9-73

07 单击导览面板中的"播放"按钮，试听音频滤镜效果，相应的画面如图9-74所示。

图9-74

9.4.2 变调

在会声会影2018中，我们可以利用"变调"滤镜制作出数码变声的效果。

视频文件：视频\第9章\9.4.2变调.mp4

实例效果

01 启动会声会影2018，执行"文件"|"打开项目"命令，打开一个项目文件，如图9-75所示。

图9-75

02 选择时间轴中的音频文件，在选项面板中单击"音频滤镜"按钮，如图9-76所示。

图9-76

03 弹出"音频滤镜"对话框，在"可用滤镜"列表中选择"音调偏移"滤镜，单击"选项"按钮，如图9-77所示。

图9-77

04 在弹出的"音调偏移"对话框中，设置"半音调"数值为9，单击"确

定"按钮，如图9-78所示。

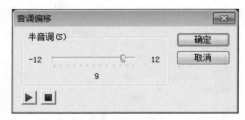

图9-78

05 返回"音频滤镜"对话框，单击"添加"按钮，把设置好的"音调偏移"滤镜添加到"已用滤镜"列表中，如图9-79所示。

图9-79

06 单击"确定"按钮，然后单击导览面板中的"播放"按钮，试听音频滤镜效果，相应的画面如图9-80所示。

图9-80

第10章 输出与共享

素材

视频

在会声会影2018中将视频制作完成后，可以选择多种输出视频的方式。所谓输出就是将项目文件中编辑完成的素材、转场和字幕处理成视频文件的格式，并保存起来。本章将介绍输出和共享视频的一些基本方法。

10.1 输出设置

通过"共享"面板可直接对输出的设备、格式、参数等进行设置。本节将学习输出设置。

10.1.1 选择输出设备

在会声会影2018的"共享"面板中，输出设备包括了电脑、装置、网站、光盘、3D影片等5种，每种设备内又包含了不同的输出格式。

视频文件：视频\第10章\10.1.1选择输出设备.mp4

实例效果

01 启动会声会影2018，执行"文件"|"打开项目"命令，打开项目文件，如图10-1所示。

02 单击步骤面板中的"共享"按钮，如图10-2所示。

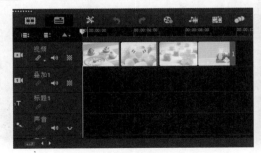

图10-1

图10-2

03 进入"共享"步骤面板，如图10-3所示。

图10-3

04 在"共享"面板中可以选择输出的设备,如图10-4所示。

05 选择不同的设备,包含了不同的输出格式,如图10-5所示。

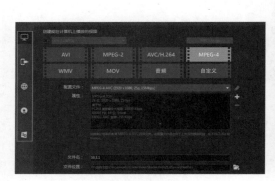

图10-4

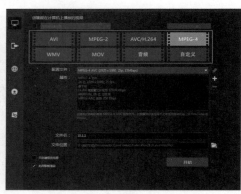

图10-5

06 默认为MPEG-4格式,选择"AVI"选项,单击"开始"按钮,如图10-6所示。

07 影片开始渲染输出,输出完成后进入"编辑"步骤中的素材库,选择素材库中自动保存的影片,单击导览面板中的"播放"按钮,预览效果,如图10-7所示。

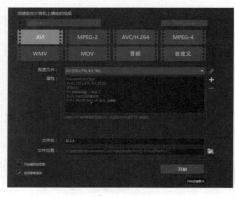

图10-6

图10-7

突破平面:会声会影2018视频编辑与制作 2018

10.1.2 自定格式

除了预设的格式外，用户还可以自定义格式，下面介绍自定义格式的操作方法。

视频文件：视频\第10章\10.1.2自定格式.mp4

实例效果	

01 启动会声会影2018，执行"文件"|"打开项目"命令，打开项目文件，如图10-8所示。

图10-8

02 单击"共享"按钮，进入"共享"步骤面板，单击"自定义"按钮，如图10-9所示。

图10-9

03 在项目中单击鼠标，在弹出的下拉列表中选择"MPEG文件（*.mpg）"格式，如图10-10所示。

04 设置文件名称及存储位置，单击"开始"按钮，如图10-11所示。

图10-10

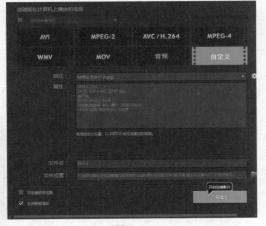

图10-11

05 文件开始渲染，渲染完成后弹出提示对话框，单击"确定"按钮，如图10-12所示。

06 进入"编辑"步骤面板，在素材库中选择渲染完成的影片，在导览面板中单击"播放"按钮，预览效果，如图10-13所示。

图10-12

图10-13

10.1.3 输出参数修改

选择不同的格式后，还可以对其属性参数进行修改。下面将介绍输出参数的修改。

视频文件：视频\第10章\10.1.3输出参数修改.mp4

实例效果

01 启动会声会影2018，执行"文件"|"打开项目"命令，打开项目文件，如图10-14所示。

02 单击"共享"按钮，进入"共享"步骤面板，单击"创建自定义配置文件"图标，如图10-15所示。

图10-14

图10-15

03 弹出"新建配置文件选项"对话框，可对模板名称进行修改，如图10-16所示。

04 进入"常规"选项卡，可对各参数进行修改，包括帧速率、帧大小等参数，如图10-17所示。

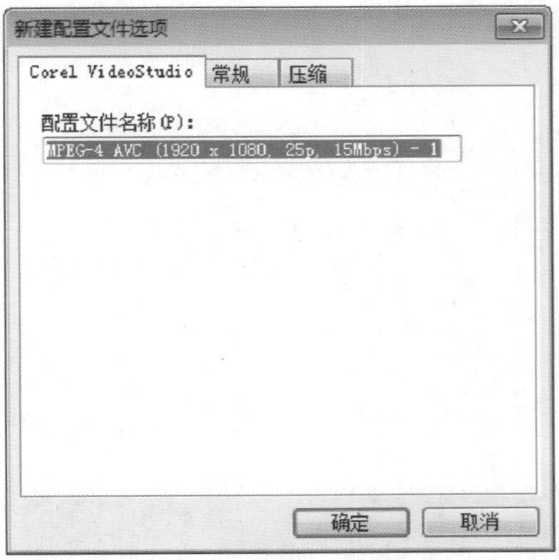
新建配置文件选项
Corel VideoStudio
常规
压缩
配置文件名称(P):
MPEG-4 AVC (1920 x 1080, 25p, 15Mbps) - 1
确定
取消
图10-16

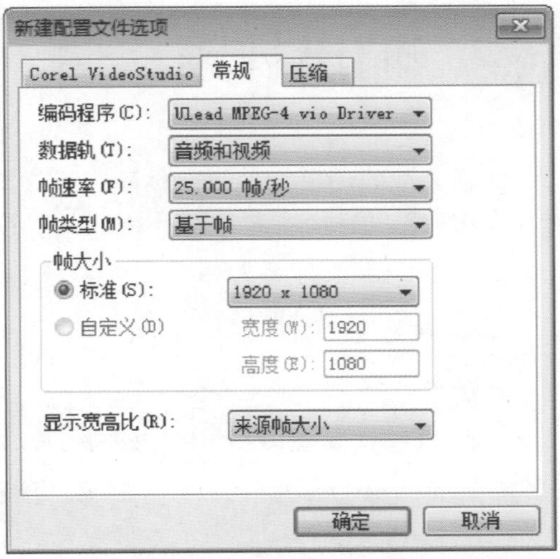
新建配置文件选项
Corel VideoStudio
常规
压缩
编码程序(C):
Ulead MPEG-4 vio Driver
数据轨(T):
音频和视频
帧速率(F):
25.000 帧/秒
帧类型(M):
基于帧
帧大小
标准(S):
1920 x 1080
自定义(D)
宽度(W):
1920
高度(E):
1080
显示宽高比(R):
来源帧大小
确定
取消
图10-17

05 单击“压缩”选项卡，可对压缩参数进行设置，如图10-18所示。

06 设置完成后，单击“确定”按钮以关闭对话框。返回“共享”面板中，在设置文件名及文件存储位置后单击“开始”按钮，如图10-19所示。

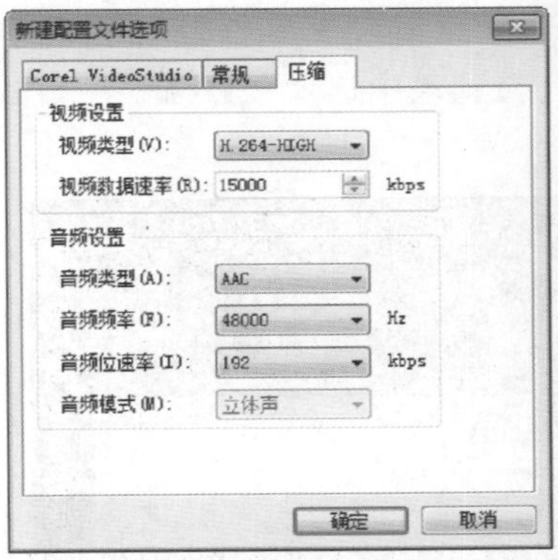
新建配置文件选项
Corel VideoStudio
常规
压缩
视频设置
视频类型(V):
H.264-HIGH
视频数据速率(R):
15000
kbps
音频设置
音频类型(A):
AAC
音频频率(F):
48000
Hz
音频位速率(I):
192
kbps
音频模式(M):
立体声
确定
取消
图10-18

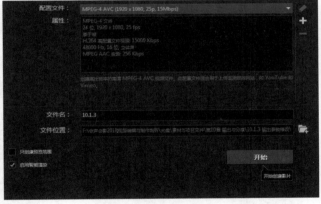

配置文件：
MPEG-4 AVC (1920 x 1080, 25p, 15Mbps)
属性：
文件名：
10.1.3
文件位置：
开始
图10-19

07 输出完成后弹出提示对话框，单击“确定”按钮。进入素材库，选择输出的视频，在预览窗口中预览效果，如图10-20所示。

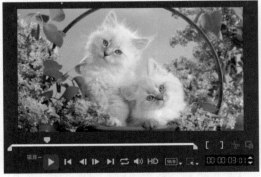

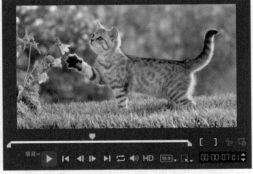

图10-20

10.2 输出视频文件

编辑完成的项目文件需要创建为视频文件。输出影片是视频编辑工作的最后一个步骤，会声会影2018中有多种输出影片的方式，本节将介绍输出视频文件的操作。

10.2.1 输出整部影片

视频制作完成后，则需要将其输出为完整的影片。下面介绍如何输出整部影片。

视频文件：视频\第10章\10.2.1输出整部影片.mp4

实例效果

01 启动会声会影2018，执行"文件"|"打开项目"命令，打开项目文件，如图10-21所示。

图10-21

02 单击"共享"按钮，进入"共享"步骤面板，如图10-22所示。

图10-22

03 单击"自定义"选项按钮，在"格式"下拉列表中选择文件格式，如图10-23所示。

图10-23

04 在"文件名"中设置视频的名称，然后在"文件位置"后单击"浏览"图标，如图10-24所示。

图10-24

05 弹出"浏览"对话框，选择文件存储的路径，然后单击"保存"按钮，如图10-25所示。

图10-25

06 设置完成后，单击"开始"按钮，如图10-26所示。

图10-26

07 显示渲染文件进度，如图10-27所示。

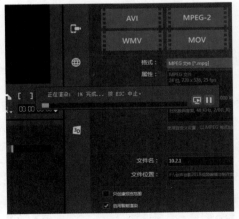

图10-27

08 在渲染完成后弹出提示对话框，单击"确定"按钮，如图10-28所示。

图10-28

➡ 提示

在进行影片渲染时，按键盘上的Esc键可以中止渲染。

09 单击"编辑"按钮，进入"编辑"步骤面板，生成的影片自动保存到素材库中，如图10-29所示。

图10-29

10 单击导览面板中的"播放"按钮，预览效果，如图10-30所示。

图10-30

10.2.2　输出预览范围

制作好影片后，若标记了影片的预览范围，则可将该范围内的影片单独输出为视频。

视频文件：视频\第10章\10.2.2输出预览范围.mp4

实例效果

01 启动会声会影2018，执行"文件"|"打开项目"命令，打开项目文件，如图10-31所示。

图10-31

02 此时在导览面板中可查看该视频标记了预览范围，如图10-32所示。

图10-32

03 单击"共享"按钮，切换至"共享"步骤面板，如图10-33所示。

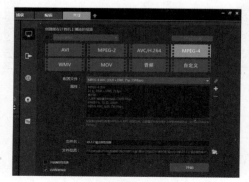

图10-33

04 设置文件名称及文件存储位置，选中"只创建预览范围"复选框，如图10-34所示。

图10-34

05 单击"开始"按钮，显示视频渲染进度，弹出提示对话框，单击"确定"按钮，如图10-35所示。

图10-35

06 进入"编辑"面板，渲染完成的影片会自动保存到素材库中。单击导览面板中的"播放"按钮，预览输出影片，如图10-36所示。

图10-36

10.3　输出部分影片

在会声会影2018中将影片编辑完成后，可以将影片输出为无音频的独立视频或无视频的独立音频文件。本节将介绍输出部分影片的操作。

10.3.1　输出独立视频

视频文件：视频\第10章\10.3.1输出独立视频.mp4

实例效果

01 启动会声会影2018，执行"文件"|"打开项目"命令，打开项目文件，如图10-37所示。

02 单击"共享"步骤按钮，切换到"共享"步骤面板，单击"创建自定义配置文件"按钮，如图10-38所示。

图10-37

图10-38

03 弹出"新建配置文件选项"对话框，进入"常规"选项卡，如图10-39所示。

04 打开"数据轨"下拉列表，选择"仅视频"选项，如图10-40所示。

图10-39

图10-40

05 单击"确定"按钮。设置文件名及文件存储位置后单击"开始"按钮，如图10-41所示。

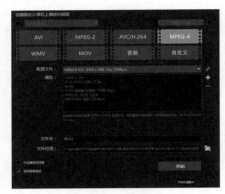

图10-41

06 渲染完成后，在素材库中选择输出的文件，单击预览窗口中的"播放"按钮，查看影片，如图10-42所示。

图10-42

10.3.2　输出独立音频

在会声会影2018中，可以将影片中的音频输出为独立的音频文件。

视频文件：视频\第10章\10.3.1输出独立音频.mp4

实例效果

01 启动会声会影2018，执行"文件"|"打开项目"命令，打开项目文件，如图10-43所示。

图10-43

02 单击"共享"按钮，切换到"共享"步骤面板，单击"音频"按钮，如图10-44所示。

图10-44

03 输入文件名称，并设置存储路径，单击"开始"按钮，如图10-45所示。

04 输出完成的音频文件自动保存到素材库中，如图10-46所示，音频文件输出完成。

突破平面·会声会影2018视频编辑与制作

2018

图10-45   图10-46

10.4   输出到外部设备

  制作完成的影片可以输出到计算机中保存，还可以输出到移动设备和光盘等外部设备中保存。

10.4.1   输出到移动设备

  在会声会影2018中编辑影片后，可以将制作完成的影片输出到移动设备中以便于欣赏。将移动设备与计算机进行连接后，即可在"共享"面板中选择该设备并进行输出。

视频文件：视频\第10章\10.4.1输出到移动设备.mp4	
实例效果	 

  01 启动会声会影2018，执行"文件"|"打开项目"命令，打开项目文件，如图10-47所示。

  02 单击"共享"按钮，切换到"共享"步骤面板，单击"设备"按钮，如图10-48所示。

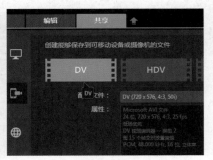

图10-47   图10-48

03 单击"移动设备"按钮，如图10-49所示。

04 输入文件名及文件位置，单击"开始"按钮，渲染完成后，影片会自动保存到素材库中。

05 单击导览面板中的"播放"按钮，预览效果，如图10-50所示。

图10-49

图10-50

10.4.2　输出到光盘

用户还可以将编辑完成的影片输出到光盘中，赠送给亲朋好友。

视频文件：视频\第10章\10.4.2输出到光盘.mp4

实例效果

01 在会声会影2018中打开项目文件，进入共享面板，单击"光盘"按钮，如图10-51所示。

02 在右侧有4种存储格式可供选择，单击"DVD"按钮，如图10-52所示。

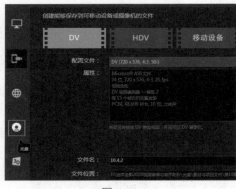
图10-51

图10-52

03 打开对话框，单击"下一步"按钮，如图10-53所示。

04 进入到"菜单和预览"步骤，在左侧的画廊下选择一个智能场景，如图10-54所示。

图10-53   图10-54

05 在右侧的预览窗口中双击文本，修改文本内容，调整视频素材的大小，如图10-55所示。

06 在预览窗口下方单击"预览"按钮，如图10-56所示。

图10-55   图10-56

07 打开预览界面，单击"播放"按钮，预览修改后的效果，如图10-57所示。

08 单击"后退"按钮，返回"菜单和预览"步骤，单击"下一步"按钮，如图10-58所示。

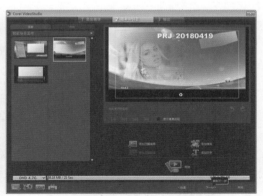

图10-57   图10-58

09 进入"输出"界面，单击"展开更多输出选项"按钮展开更多选项，然后单击"刻录"按钮，如图10-59所示。

10 即可对光盘进行刻录。刻录完成后预览效果，如图10-60所示。

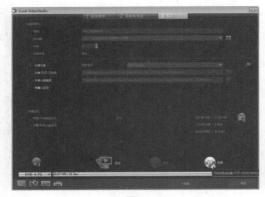

图10-59   图10-60

10.5 输出为HTML5文件

在会声会影2018中可以将编辑的影片输出为HTML5网页文件。本节将介绍如何将影片输出为HTML5文件。

视频文件：视频\第10章\10.5输出为HTML5文件.mp4

实例效果

01 启动会声会影2018，执行"文件"|"新建HTML5项目"命令，如图10-61所示。

02 弹出提示对话框，单击"确定"按钮，如图10-62所示。

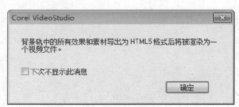

图10-62

03 在背景轨中添加几张图片素材，如图10-63所示。

04 单击"共享"按钮，切换至"共享"步骤面板，单击"HTML5文件"按钮，如图10-64所示。

图10-61

图10-63

图10-64

05 设置项目资料文件名与文件存储位置，单击"开始"按钮，如图10-65所示。

图10-65

06 对影片进行渲染，渲染完成后单击"确定"按钮，如图10-66所示。

图10-66

07 弹出网页所在文件夹，如图10-67所示。

图10-67

08 双击鼠标打开网页，如图10-68所示，单击"播放"按钮，即可预览网页效果。

图10-68

10.6 创建3D影片

在会声会影2018中可以将编辑完成的视频导出为3D影片，使用3D眼镜观看能享受更具视觉冲击力的效果。

视频文件：视频\第10章\10.6创建3D影片.mp4

实例效果	 

01 启动会声会影2018，执行"文件"|"打开项目"命令，打开项目文件，如图10-69所示。

图10-69

02 单击"共享"按钮，进入"共享"面板，单击"3D"按钮，如图10-70所示。

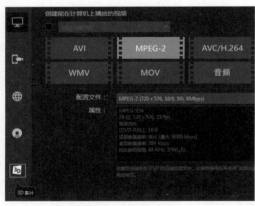

图10-70

03 在"创建3D视频"文件列表中

对各参数进行设置，包括选择"红蓝"或"并排"选项，如图10-71所示。

图10-71

04 设置文件名称及文件存储位置，单击"开始"按钮后视频渲染输出，最终的3D效果如图10-72所示。

图10-72

素材

视频

第11章 儿童相册——快乐童年

> 每个宝宝的诞生都是一个美好童年的开始，童年故事包容百味，且美不胜收。本章将以童年为主线，将日常留影串联成五彩斑斓的电子相册。

11.1 影片片头

在影片中，片头有渲染影片气氛、吸引观众注意力的作用，是不可缺少的部分。本节将介绍如何制作儿童相册的片头。

11.1.1 添加与编辑素材

在制作儿童相册的片头前，要把需要用到的片头素材图片整理到一个文件夹，然后将其添加至会声会影2018中进行编辑。

视频文件：视频\第11章\11.1.1添加与编辑素材.mp4

实例效果

01 启动会声会影2018，在视频轨中单击鼠标右键，执行"插入视频"命令，如图11-1所示。

02 弹出"打开视频文件"对话框，选择素材，单击"打开"按钮，在视频轨中添加素材，如图11-2所示。

03 在覆叠轨2中添加Flash素材，如图11-3所示。

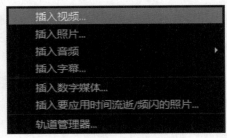

图11-1

图11-2

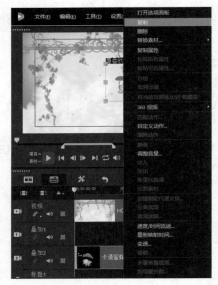

图11-5

图11-3

04 在预览窗口中调整素材的大小及位置，如图11-4所示。

图11-6

图11-4

05 在时间轴中选择覆叠轨2中的素材，单击鼠标右键，执行"复制"命令，如图11-5所示。

06 将复制的素材粘贴到原素材之中，如图11-6所示。

07 双击素材，展开选项面板，单击"编辑"按钮，进入"编辑"选项面板，选中"反转视频"复选框，如图11-7所示。

图11-7

08 在时间轴中选择素材，拖动素材区间，使之与视频轨中的视频素材区间一致，如图11-8所示。

图11-8

11.1.2 制作片头字幕

制作片头时，为影片添加说明性的标题字幕可以丰富画面内容。

视频文件：视频\第11章\11.1.2制作片头字幕.mp4

实例效果		

01 单击素材库中的"标题"按钮，如图11-9所示。

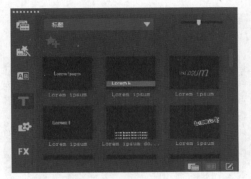

图11-9

02 在预览窗口中双击鼠标，输入字幕并调整字幕的大小及位置，如图11-10所示。

图11-10

03 选择字幕，在"选项"面板中设置字体为楷体，色彩为绿色，如图11-11所示。

04 在预览窗口中的另一处单击鼠标，输入字幕并调整字幕的位置及大小，如图11-12所示。

图11-11

图11-12

05 在选项面板中设置文字色彩为白色，选中"文字背景"复选框，然后单击"自定文字背景的属性"按钮，如图11-13所示。

图11-13

06 打开"文字背景"对话框，选择"圆角矩形"选项，如图11-14所示。

图11-14

07 单击"与文本相符"单选按钮，设置放大的参数为0，如图11-15所示。

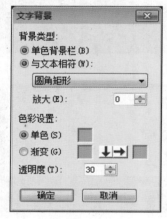

图11-15

08 单击"单色"单选按钮，然后单击后面的色块，在弹出的列表中选择颜色，如图11-16所示。

图11-16

09 单击"确定"按钮以完成设置。单击"属性"选项卡，单击"动画"单选按钮，选中"应用"复选框，如图11-17所示。

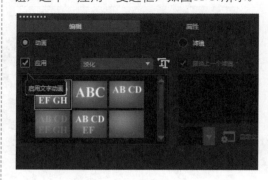

图11-17

10 在时间轴中选择标题轨中的字幕，将其移动到覆叠轨1中，并将字幕的区间调整为6s，如图11-18所示。

图11-18

11 选择字幕，单击鼠标右键，执行"复制"命令，将复制的素材粘贴到原素材后，再调整区间，如图11-19所示。

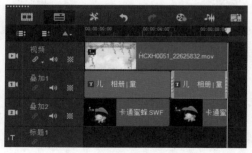

图11-19

12 选择复制的素材，在"属性"选项面板中取消对"应用"复选框的选中，如图11-20所示。

图11-20

13 将时间滑块拖至3s的位置，单击鼠标以新增节点，如图11-21所示。

图11-21

14 单击"标题"按钮，在预览窗口中双击鼠标左键，输入字幕，并调整字幕的大小及位置，如图11-22所示。

图11-22

15 在选项面板中修改字体，如图11-23所示。

图11-23

16 切换至"属性"选项卡，单击"动画"单选按钮，选中"应用"复选框，在"选取动画类型"下拉列表中选择"弹出"类别，如图11-24所示。

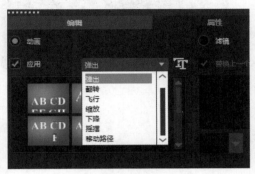

图11-24

17 选择第四个动画预设效果，如图11-25所示。

图11-25

18 在导览面板中调整动画的暂停区间，如图11-26所示。

图11-26

19 在时间轴中调整字幕的区间，如图11-27所示。

20 单击导览面板中的"播放"按钮，预览字幕制作效果，如图11-28所示。

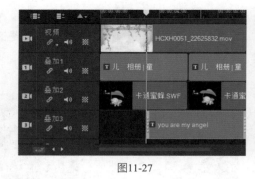

图11-27 图11-28

运用会声会影2018的强大编辑功能，可以为照片添加多种效果，从而使照片以多种形式展现出来。本节将介绍制作儿童相册的内容。

11.2.1 添加与编辑背景

在视频轨中添加视频背景，并对视频背景进行相应的编辑。

视频文件：视频\第11章\11.2.1添加与编辑背景.mp4

实例效果	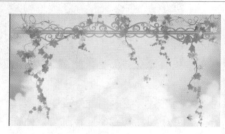 

01 选择视频轨中的视频素材，单击鼠标右键，执行"复制"命令，将复制的素材粘贴到原素材后，如图11-29所示。

02 单击"滤镜"按钮，在滤镜素材库中选择"云彩"滤镜，如图11-30所示，将其添加到视频素材上。

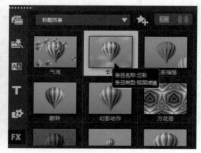

图11-29 图11-30

03 选择"视频摇动和缩放"滤镜，如图11-31所示，将其添加到视频素材上。

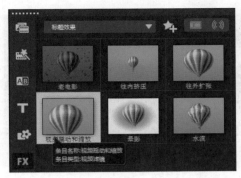

图11-31

04 进入选项面板，在"滤镜"列表中选择"云彩"滤镜，单击"自定义滤镜"左侧的倒三角按钮，选择合适的预设效果，如图11-32所示。

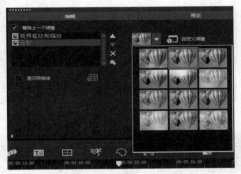

图11-32

05 选择"视频摇动和缩放"滤镜，单击"自定义滤镜"按钮，如图11-33所示。

图11-33

06 弹出"视频摇动和缩放"对话框，设置"缩放率"参数为100，单击"停靠"选项组中的"居中"按钮，如图11-34所示。

图11-34

07 将滑块拖至5s的位置，单击"添加关键帧"按钮，在左侧的原始窗口中调整显示框，如图11-35所示。

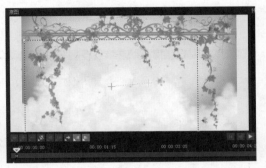

图11-35

08 在该关键帧上单击鼠标右键，执行"复制"命令，如图11-36所示。

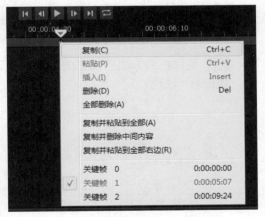

图11-36

09 将滑块拖至最后一帧，单击鼠标右键，执行"粘贴"命令，如图11-37所示。

10 单击"确定"按钮以完成设置。在视频轨中选择该素材，按快捷键Ctrl+C复制素材，然后将复制的素材粘贴到原素材之后，如图11-38所示。

图11-37

图11-38

11 在选项面板中的滤镜列表中选择"视频摇动和缩放"滤镜，单击"自定义滤镜"按钮，打开对话框，单击"翻转关键帧"按钮，如图11-39所示。

12 选择第二个关键帧，调整显示框的大小及位置，如图11-40所示。

图11-39

图11-40

13 按Ctrl+C键复制关键帧，选择最后一帧，按快捷键Ctrl+V粘贴关键帧。单击"确定"按钮，关闭对话框。

14 用同样的方法继续复制、粘贴素材，如图11-41所示。

图11-41

11.2.2 为素材添加遮罩

下面讲解在覆叠轨中添加素材，并为素材添加自定义的遮罩。

视频文件：视频\第11章\11.2.2为素材添加遮罩.mp4

实例效果		

会声会影2018视频编辑与制作

01 在覆叠轨中添加素材并调整区间为5s，如图11-42所示。

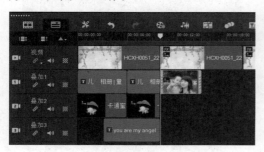

图11-42

02 在选项面板中单击"遮罩和色度键"按钮，如图11-43所示。

图11-43

03 选中"应用覆叠选项"复选框，在"类型"下拉列表中选择"遮罩帧"选项，如图11-44所示。

图11-44

04 单击右侧的"添加遮罩项"按钮，如图11-45所示。

05 打开对话框，弹出"浏览照片"对话框，选择遮罩图片，单击"打开"按钮，如图11-46所示。

图11-45

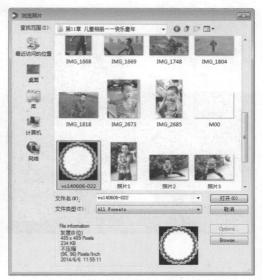

图11-46

06 打开的遮罩图片添加到遮罩列表中，如图11-47所示。

图11-47

07 在预览窗口中预览应用遮罩后的效果，如图11-48所示。

08 在时间轴中用鼠标右键单击素材，执行"复制属性"命令，如图11-49所示。

图11-48

图11-50

图11-49

图11-51

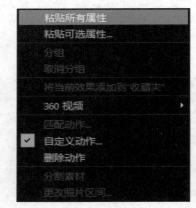

09 在覆叠轨1和覆叠轨2中分别添加素材,并调整其区间,如图11-50所示。

10 选择两个素材,单击鼠标右键,执行"粘贴所有属性"命令,如图11-51所示。

11 在预览窗口中预览素材效果,如图11-52所示。

图11-52

11.2.3 素材的路径动画

下面为素材添加自定义路径,制作花朵飘落的的效果。

视频文件:视频\第11章\11.2.3素材的路径动画.mp4

实例效果

01 在覆叠轨1中选择图片素材,单击鼠标右键,执行"自定义动作"命令,如图11-53所示。

图11-53

02 弹出"自定义动作"对话框，在预览窗口中调整素材的大小及位置，如图11-54所示。

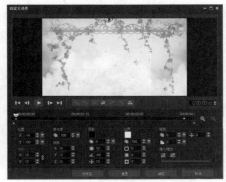

图11-54

> **→ 提示**
>
> 选择素材，在选项面板中单击"自定义路径"按钮也可自定义路径动画。

03 将时间滑块拖至合适的位置，单击"新增关键帧"按钮，新增一个关键帧。在预览窗口调整素材的大小及位置，并旋转图像，如图11-55所示。

图11-55

04 在预览窗口中将路径调整为曲线，如图11-56所示。

图11-56

05 用同样的方法新增其他关键帧，并调整素材的大小、位置、角度及路径的弧度，如图11-57所示。

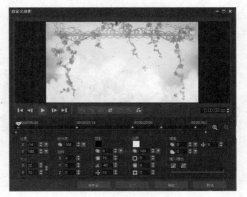

图11-57

06 单击"确定"按钮完成设置。用同样的方法为另外两个素材添加路径动画，如图11-58所示。

图11-58

07 单击导览面板中的"播放"按钮，播放路径动画效果，如图11-59和图11-60所示。

2018

图11-59　　　　　　　　　　　　　　图11-60

11.2.4　使用模板

即时项目中的模板素材可以直接调用，也可使用模板中的部分动画效果，然后根据需要对模板效果进行修改。

视频文件：视频\第11章\11.2.4使用模板.mp4

实例效果

01 单击"即时项目"按钮，进入即时项目素材库，如图11-61所示。

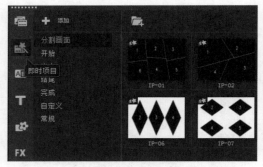

图11-61

图11-62

02 在左侧选择"自定义"选项，并在"自定义"素材库中导入一个模板，选择新导入的模板，如图11-62所示。

03 将所选模板拖动到时间轴中，如图11-63所示。

图11-63

04 依次选择素材，单击鼠标右键，执行"替换素材"|"照片"命令，如图11-64所示，替换素材。

图11-64

05 将所有的照片素材替换后对素材进行排序，效果如图11-65所示。

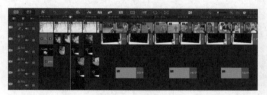

图11-65

06 选择第一个素材，进入选项面板，切换至"编辑"选项卡，单击"自定义"按钮，如图11-66所示。

图11-66

07 弹出"摇动和缩放"对话框，根据需要对显示区域大小进行修改，如图11-67所示。

图11-67

08 单击"确定"按钮完成设置。用同样的方法自定义其他3个素材的摇动和缩放效果。

09 在覆叠轨5中添加Flash动画素材，在预览窗口中调整素材的大小及位置，如图11-68所示。

图11-68

10 用同样的方法，将模板中的文字素材移动到合适的位置。

11 选择素材，在预览窗口中双击鼠标，修改字幕，如图11-69所示。

图11-69

12 进入选项面板，修改字体、颜色等参数，如图11-70所示。

13 用同样的方法修改其他字幕，如图11-71所示。

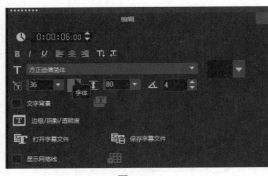
图11-70

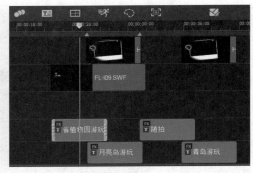
图11-71

14 在时间轴中选择第一个标题素材，单击鼠标右键，执行"复制属性"命令。选择其他标题素材，单击鼠标右键，执行"粘贴所有属性"命令。

15 用同样的方法，将模板中的素材移动到合适的位置后替换需要的素材，如图11-72所示。

16 选择标题，在预览窗口中修改字幕，在选项面板中修改文字参数，如图11-73所示。

图11-72

图11-73

17 选择不需要的素材，按Delete键将其删除。

18 单击导览面板中的"播放"按钮，预览效果，如图11-74所示。

图11-74

11.3 影片片尾

片尾能让影片在播放中自然地结束。本节将介绍如何制作儿童相册的片尾。

11.3.1　添加片尾视频

下面为片尾添加视频素材。

 视频文件：视频\第11章\11.3.1添加片尾视频.mp4

01 单击图形按钮，在色彩素材库中选择白色素材，如图11-75所示。

02 将所选素材添加到时间轴中，并调整素材的区间长度，如图11-76所示。

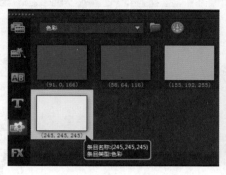

图11-75

图11-76

03 在视频轨中添加视频素材，如图11-77所示。

04 单击"转场"按钮，在转场素材库中选择"交叉淡化"转场，如图11-78所示，将其添加到素材之间。

图11-77

图11-78

11.3.2　制作片尾字幕

字幕能在一部影片中起到很好的概括作用。本节将介绍儿童相册片尾字幕的制作。

视频文件：视频\第11章\11.3.2制作片尾字幕.mp4

实例效果	 

01 单击标题按钮，在标题素材库中选择标题素材，如图11-79所示。

图11-79

02 将所选素材拖动到时间轴中并调整区间，如图11-80所示。

图11-80

03 在预览窗口中双击鼠标，修改字幕，如图11-81所示。

图11-81

04 进入选项面板，修改字体、颜色等参数，如图11-82所示。

图11-82

05 单击"边框/阴影/透明度"按钮，在弹出的对话框中取消对"外部边界"复选框的选取，设置边框数值为0，如图11-83所示。

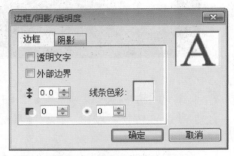

图11-83

06 单击"确定"按钮以完成设置。进入属性选项面板，单击"滤镜"单选按钮，然后在滤镜列表中依次选择滤镜，单击"删除滤镜"按钮，如图11-84所示，将所有滤镜删除。

图11-84

11.4 后期输出

在影片制作完成后，还需要进行后期的配乐、输出等操作，这样才能生成完整的影片。

11.4.1 后期配音

在影片制作完成后，需要对影片进行后期的配音，包括背景音乐及画外音、旁白等。

视频文件：视频\第11章\11.4.1后期配音.mp4

01 在时间轴中的空白区域单击鼠标右键，执行"插入音频"|"到音乐轨"命令，如图11-85所示。

图11-85

02 添加音频素材后拖动素材的区域，并使之与视频轨区域一致，如图11-86所示。

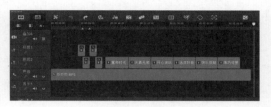

图11-86

03 选择素材，展开选项面板，单击"淡出"按钮，如图11-87所示。

图11-87

11.4.2 输出保存

将制作的项目保存，可以方便下次修改。在项目制作完成后，可以将其输出为常见的视频格式，这样能够方便使用其他设备进行播放观赏。

视频文件：视频\第11章\11.4.2输出保存.mp4

实例效果

01 执行"文件"|"智能包"命令，如图11-88所示。

02 弹出保存项目提示框，单击"是"按钮，如图11-89所示。

图11-88

图11-89

03 弹出"智能包"对话框，在其中设置文件夹路径及文件名称，单击"确定"按钮，如图11-90所示。

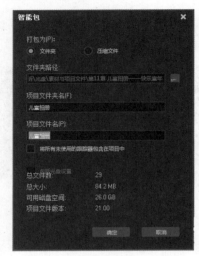

图11-90

04 在输出完成后弹出提示对话框，单击"确定"按钮，如图11-91所示。

图11-91

05 单击步骤面板中的"共享"按钮，切换至"共享"面板，如图11-92所示。

图11-92

06 设置影片的存储路径及文件名，单击"开始"按钮，如图11-93所示。

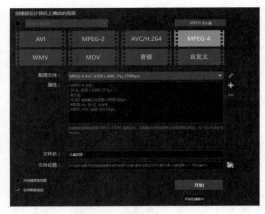

图11-93

07 影片开始进行渲染，在渲染输出后可在素材库中选择生成的视频，在预览窗口中预览最终效果，如图11-94所示。

图11-94

第12章 婚纱相册——心心相印

素材

视频

婚礼和婚纱视频都是甜蜜爱情的见证。很多新人会将自己的婚纱相册制作成影片，一起定格属于自己的幸福时光。

12.1 片头制作

在一部影片中，片头起引导作用，好的片头能够快速地将观众带入影片。下面介绍婚纱相册的片头制作。

视频文件：视频\第12章\12.1片头制作.mp4

实例效果

01 在视频轨中插入两个视频素材，调整第2个素材的区间为08:18，如图12-1所示。

图12-1

02 在覆叠轨1和覆叠轨3上添加同一个素材图片，对齐素材2并调整区间，如图12-2所示。

03 选择覆叠轨1上的素材，在预览窗口中调整素材大小，如图12-3所示。

图12-2

图12-3

04 在时间轴的覆叠轨1素材上单击鼠标右键，执行"复制属性"命令，如图12-4所示。

图12-4

05 选择覆叠轨3上的素材，单击鼠标右键，执行"粘贴可选属性"命令，如图12-5所示。

图12-5

06 在打开的对话框中取消对"全部"复选框的选取，然后选择"大小和变形"复选框，如图12-6所示。

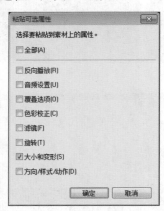

图12-6

07 单击"确定"按钮后在预览窗口中调整素材的位置，如图12-7所示。

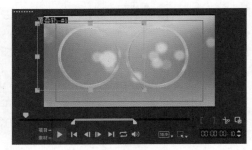

图12-7

08 在覆叠轨2和覆叠轨4上分别添加素材图片，如图12-8所示。

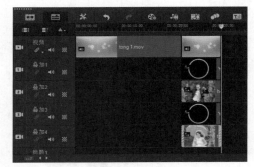

图12-8

09 选择覆叠轨2上的素材，展开选项面板，单击"遮罩和色度键"按钮，如图12-9所示。

图12-9

10 在展开的面板中选中"应用覆叠选项"复选框，然后在"类型"下拉列表中选择"遮罩帧"选项，如图12-10所示。

11 在右侧单击"添加遮罩项"按钮，如图12-11所示。

图12-10

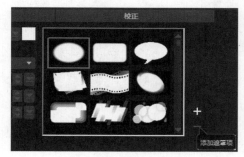

图12-11

12 在打开的对话框中选择遮罩图片，如图12-12所示。

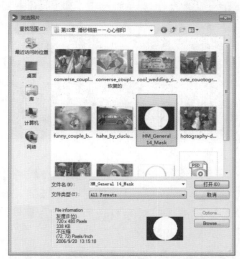

图12-12

13 单击"打开"按钮，选择新的遮罩，如图12-13所示。

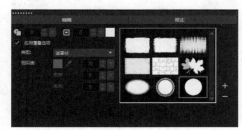

图12-13

14 在预览窗口中调整素材的大小与位置，如图12-14所示。

图12-14

15 使用同样的方法复制素材的属性，并粘贴到覆叠轨4中的素材上，然后在预览窗口中调整素材的大小与位置，如图12-15所示。

图12-15

16 在覆叠轨5的22s16的位置添加素材，然后调整区间与视频轨素材对齐，如图12-16所示。

17 在预览窗口中单击鼠标右键，执行"调整到屏幕大小"命令，如图12-17所示。

2018

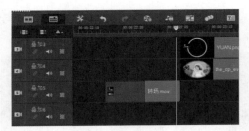

图12-16

图12-17

18 将滑块拖至21.2s的位置，在覆叠轨6和覆叠轨7上添加素材，调整区间为00:00:02:05，如图12-18所示。

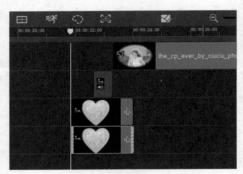

图12-18

19 选择覆叠轨6上的素材，在"属性"面板中单击"高级动作"单选按钮，如图12-19所示。

图12-19

20 在打开的对话框中调整素材的位置、大小和角度，如图12-20所示。

图12-20

21 添加关键帧，并依次调整素材的位置，如图12-21所示。

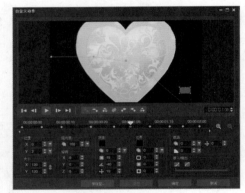

图12-21

22 使用同样的方法选择覆叠轨7中的素材，单击"高级动作"单选按钮，在弹出的对话框中对素材进行路径设置与调整，如图12-22所示。

图12-22

突破平面：会声会影2018视频编辑与制作 2018

23 在预览窗口中预览素材效果，如图12-23所示。

图12-23

24 在覆叠轨5上添加视频素材，并调整区间，如图12-24所示。

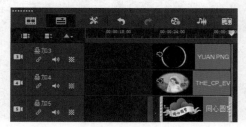

图12-24

25 在预览窗口中调整素材的大小与位置，如图12-25所示。

图12-25

26 单击"标题"按钮，在预览窗口中输入文字，如图12-26所示。

27 选择时间轴中的文字，在"属性"面板中单击"动画"单选按钮，选中"应用"复选框，在"下降"列表中选择第二个预设效果，如图12-27所示。

28 进入"滤镜"素材库，选择"光线"滤镜，并将其添加到素材上，如图12-28所示。

图12-26

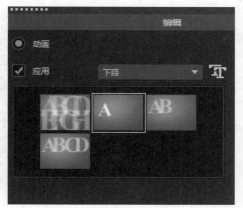

图12-27

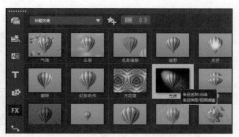

图12-28

29 在"属性"面板中单击"自定义滤镜"按钮，如图12-29所示。

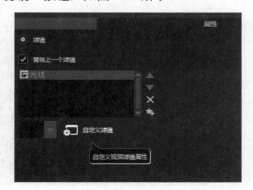

图12-29

30 在打开的"光线"对话框中，设置第一帧的参数，如图12-30所示。

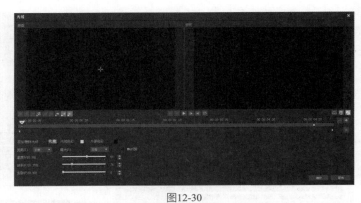

图12-30

31 选择第二帧，设置参数，如图12-31所示。

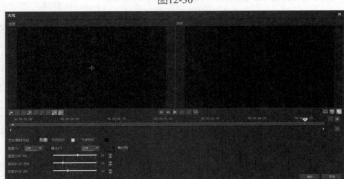

图12-31

32 在时间轴中调整文字到覆叠轨6上，如图12-32所示。

33 复制文本，将其粘贴到原文本之后，并调整素材区间，如图12-33所示。

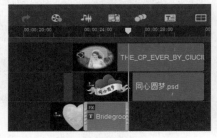

图12-32

图12-33

34 展开属性面板，取消对"应用"复选框的选取，如图12-34所示。

35 使用同样的方法，输入文字并设置文字效果，如图12-35所示。

图12-34

图12-35

突破平面：会声会影2018视频编辑与制作

2018

36 调整文本在时间轴中的位置，同时复制一个文本，并调整其区间，如图12-36所示。

图12-36

12.2 影片内容制作

影片最精彩、也是最具有可观性的部分，就是除了片头和片尾的中间部分。下面介绍婚纱相册的影片内容制作。

12.2.1 视频片段一

下面介绍视频片段一的制作方法。

视频文件：视频\第12章\12.2.1视频片段一.mp4

实例效果

01 在覆叠轨1中添加照片素材，并调整素材区间为06:24，如图12-37所示。

图12-37

02 选择素材，在"属性"面板中单击"高级动作"单选按钮，如图12-38所示。

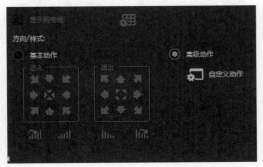

图12-38

03 弹出对话框，在预览窗口中拖动素材到屏幕大小，如图12-39所示。

图13-39

04 选择第二个关键帧，在"大小"组中调整素材的大小，如图12-40所示。

图13-40

05 单击"确定"按钮以关闭对话框。在覆叠轨2中添加素材，如图12-41所示。

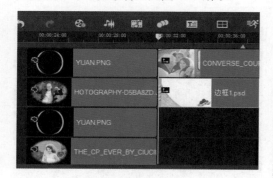

图12-41

06 在预览窗口中调整素材到屏幕大小，如图12-42所示。

07 在覆叠轨1中插入图片素材，并设置其区间为06:24，如图12-43所示。

图12-42

图12-43

08 选择覆叠轨1中的素材2，单击鼠标右键，执行"复制属性"命令，如图12-44所示。

图12-44

09 选择覆叠轨1中的素材3，单击鼠标右键，执行"粘贴所有属性"命令，如图12-45所示。

图12-45

10 在覆叠轨2中添加素材，在预览窗口中调整素材的大小，如图12-46所示。

图12-46

11 在覆叠轨3中插入视频素材，如图12-47所示。

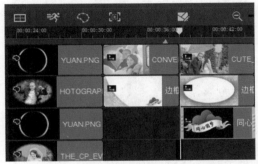

图12-47

12 在预览窗口中调整素材的大小与位置，如图12-48所示。

图12-48

13 将滑块拖至00:00:37:18的位置，添加节点，如图12-49所示。

14 选择覆叠轨5到覆叠轨7中的素材，如图12-50所示。

图12-49

图12-50

15 单击鼠标右键，执行"复制"命令，将其粘贴到覆叠轨4到覆叠轨6上00:00:37:18的位置，如图12-51所示。

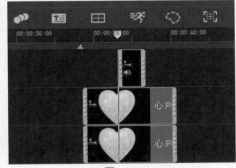

图12-51

16 单击"标题"按钮，在预览窗口中双击鼠标并输入文字，如图12-52所示。

图12-52

2018

17 选择文字，在属性面板中设置字体等参数，然后单击"边框/阴影/透明度"按钮，如图12-53所示。

图12-53

18 在打开的对话框中单击"阴影"选项卡，然后单击"下垂阴影"按钮，设置阴影的参数，如图12-54所示。

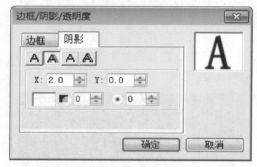

图12-54

19 单击"确定"按钮以关闭对话框，回到选项面板，进入属性选项卡，选中"应用"复选框，在"下降"类别中选择第二个预设效果，如图12-55所示。

图12-55

20 在时间轴中选择标题，调整标题的位置与区间，如图12-56所示。

图12-56

21 移动滑块到合适的位置，再次在预览窗口中双击鼠标，输入文字，然后在时间轴中调整文字的位置与区间，如图12-57所示。

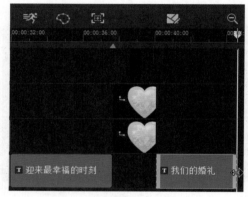

图12-57

22 选择文字，在属性面板中设置文字颜色，并选中"文字背景"复选框，然后单击"自定义文字背景的属性"按钮，如图12-58所示。

图12-58

23 在打开的对话框中单击选择"与文本相符"单选按钮，然后单击选择"渐变"单选按钮，设置渐变颜色与透明度，如图12-59所示。

实战平面·会声会影2018视频编辑与制作

2018

图12-60

图12-61

24 在预览窗口中调整素材的位置，如图12-60所示。

25 选择文字，在选项面板中选中"应用"复选框，设置动画为"淡化"的第二个预设效果，如图12-61所示。

12.2.2 视频片段二

下面介绍视频片段二的制作方法。

视频文件：视频\第12章\12.2.2视频片段二.mp4

实例效果

01 在覆叠轨2和覆叠轨3上分别添加素材，并设置区间为07:01，如图12-62所示。

图12-62

02 将覆叠轨2的素材调整至屏幕大

小。选择覆叠轨3中的素材，在"属性"面板中单击"高级动作"单选按钮，如图12-63所示。

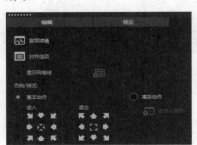

图12-63

03 在打开的对话框中设置素材的大小，如图12-64所示。

图12-64

04 将滑块拖至第二帧，设置素材的大小，如图12-65所示。单击"确定"按钮以关闭对话框。

图12-65

05 在覆叠轨4中添加素材，并调整到相同的区间，如图12-66所示。

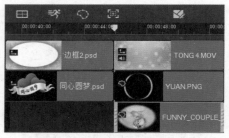

图12-66

06 选择素材，在"编辑"选项面板中单击"遮罩和色度键"按钮，如图12-67所示。

07 在展开的界面中选中"应用覆叠选项"复选框，选择"类型"为"遮罩帧"，

并在右侧选择一个遮罩项，如图12-68所示。

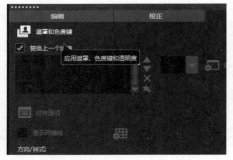

图12-67

图12-68

08 在预览窗口中调整素材的大小与位置，如图12-69所示。

图12-69

09 进入"编辑"选项面板，单击"高级动作"单选按钮，如图12-70所示。

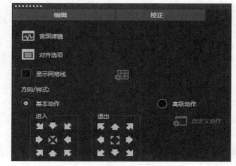

图12-70

突破平面：会声会影2018视频编辑与制作

2018

10 打开对话框，拖动滑块至第二帧，调整素材的大小，如图12-71所示，单击"确定"按钮以关闭对话框。

图12-71

11 在覆叠轨5中添加素材，并调整其位置与区间，如图12-72所示。

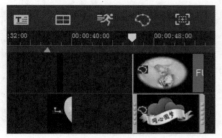

图12-72

12 同样，在"属性"选项面板中单击"高级动作"单选按钮，在打开的对话框中设置素材的位置与大小参数，如图12-73所示。

图12-73

13 将滑块拖至第二帧，调整素材的大小，如图12-74所示，单击"确定"按钮以关闭对话框。

14 将滑块拖至相应的时间线的位置，在覆叠轨6中添加素材，如图12-75所示。

图12-74

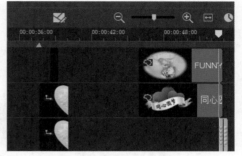

图12-75

15 在预览窗口中将素材调整至屏幕大小，如图12-76所示。

图12-76

16 单击"标题"按钮，在预览窗口中输入文字，如图12-77所示。

图12-77

17 在时间轴中调整文字的位置与区间，如图12-78所示。

18 复制素材，并将其并粘贴到图12-79所示的位置。

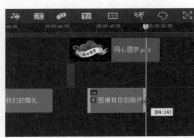 

图12-78　　　　　　　　　　　　　图12-79

12.2.3　视频片段三

下面介绍视频片段三的制作方法。

视频文件：视频\第12章\12.2.3视频片段三.mp4

实例效果

01 在覆叠轨1中添加3张素材图片，并分别调整其区间为7s，如图12-80所示。

02 在"属性"选项面板中调整素材到屏幕大小，然后在覆叠轨2中添加3个素材，分别调整区间，如图12-81所示。

图12-80　　　　　　　　　　　　　图12-81

03 在预览窗口中分别调整素材到屏幕大小，如图12-82所示。

图12-82

会声会影2018视频编辑与制作

2018

04 使用同样的方法将前面的素材复制并粘贴到图12-83所示的位置。

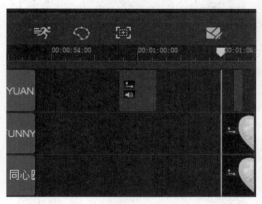

图12-83

05 单击"标题"按钮，在预览窗口中输入文字，如图12-84所示。

图12-84

06 在时间轴中调整文字的位置与区间，如图12-85所示。

07 拖动滑块后，在预览窗口中继续输入文字，如图12-86所示。

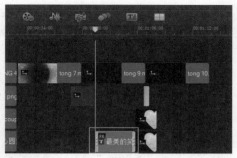

图12-85

图12-86

08 在时间轴中调整文字的位置与区间，如图12-87所示。

图12-87

12.2.4 视频片段四

下面介绍视频片段四的制作方法。

视频文件：视频\第12章\12.2.4视频片段四.mp4

| 实例效果 |   |

01 在覆叠轨2中添加视频素材，设置区间为07:01，然后再复制一个素材调整到屏幕大小，如图12-88所示。

图12-88

02 在覆叠轨3中添加照片素材，并分别调整区间，对齐覆叠轨2中的素材，如图12-89所示。

图12-89

03 选择第一个素材，在"编辑"选项面板中单击"高级动作"单选按钮，如图12-90所示。

图12-90

04 在打开的对话框中调整素材的大小与位置，如图12-91所示。

05 选择第二个关键帧，设置同样的大小与位置，并设置"旋转Y"的参数，如图12-92所示，单击"确定"按钮以关闭对话框。

图12-91

图12-92

06 在时间轴中复制该素材的属性，粘贴到第二个素材上。然后在"属性"面板中单击"自定义动作"按钮，如图12-93所示。

图12-93

07 打开"自定义动作"对话框，调整"旋转Y"的数值为-90，如图12-94所示。

08 选择第二个关键帧，调整"旋转Y"的数值为0，如图12-95所示，单击"确定"按钮以关闭对话框。

会声会影2018视频编辑与制作

2018

图12-94

图12-95

09 在覆叠轨4上添加素材，并调整其位置与区间，如图12-96所示。

图12-96

10 选择第一个素材，在预览窗口中调整素材的大小与位置，如图12-97所示。

11 在"编辑"选项面板中单击"高级动作"单选按钮，在打开的对话框中调整素材的大小，如图12-98所示。

图12-97

图12-98

12 选择第二个关键帧，设置大小参数，如图12-99所示，单击"确定"按钮以关闭对话框。

图12-99

13 复制属性，并选择第二个素材，单击鼠标右键，执行"粘贴所有属性"命令，在预览窗口中预览效果，如图12-100所示。

14 用前面所述的方法，复制并粘贴素材到图12-101所示的位置。

图12-100

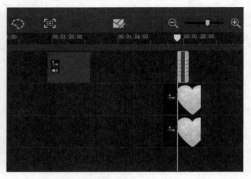

图12-101

12.3 片尾制作

片尾代表着影片的结束，与片头相呼应。下面将介绍制作婚纱相册的片尾视频。

视频文件：视频\第12章\12.3片尾制作.mp4

实例效果	

01 在覆叠轨1中添加两个素材，分别调整区间为07:08、06:22，如图12-102所示。

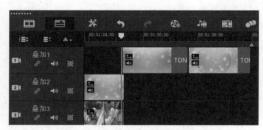

图12-102

02 在预览窗口中调整素材到屏幕大小，如图12-103所示。

图12-103

03 在覆叠轨4中添加素材，如图12-104所示。在预览窗口中调整素材到屏幕大小。

04 在时间轴的空白处单击鼠标右键，执行"插入音频"|"到声音轨"命令，如图12-105所示。

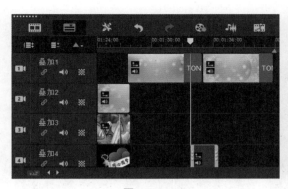
图12-104

图12-105

05 在打开的对话框中选择音频素材，单击"打开"按钮，添加素材后调整区间，如图12-106所示。

06 选择素材，在选项面板中单击"淡出"按钮，如图12-107所示。

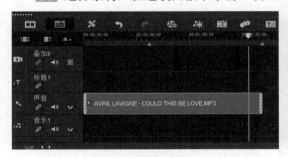
图12-106

图12-107

12.4 保存与共享

保存与共享是影片制作的最后一步，下面介绍其操作方法。

视频文件：视频\第12章\12.4保存与共享.mp4

实例效果

01 单击"步骤"面板上的"共享"按钮，如图12-108所示。

02 在"共享"步骤面板中选择格式，设置文件名与文件存储位置，单击"开始"按钮，如图12-109所示。

图12-108   图12-109

03 渲染生成影片，在预览窗口中预览影片效果，如图12-110所示。

图12-110

第13章 旅游相册——难忘泰国行

素材

视频

　　来一次说走就走的旅行，带上家人，带上相机、手机、DV，将旅途中的美景、趣事拍摄下来，必将成为人生最快乐的事情。那就在会声会影中将其编辑制作成旅途视频，分享或保留，延长这份快乐吧！本章就介绍泰国游玩的旅游视频的制作。

13.1 片头制作

　　下面介绍片头的制作，通过片头引入本视频的内容"开心泰国行"，以动态的背景视频和Flash动画来增加片头的趣味性。

视频文件：视频\第13章\13.1片头制作.mp4

实例效果

　　01 在视频轨中添加两个视频素材，如图13-1所示。

　　02 选择第二个视频素材，在视频"编辑"选项面板中，单击"静音"按钮，即可将视频素材调至静音，如图13-2所示。

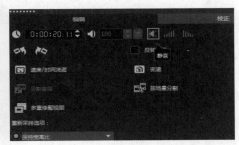

图13-1　　　　　　　　　　　　　　　　　图13-2

　　03 单击"滤镜"按钮，进入"滤镜"素材库，选择"色调和饱和度"视频滤镜，如图13-3所示。

　　04 单击鼠标并拖曳，将其添加至"视频1"轨道的第一个视频素材上，如图13-4所示。

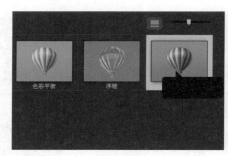

图13-3 图13-4

05 在"图形"素材库中选择合适的Flash动画，如图13-5所示。

06 单击鼠标并拖曳，将其添加至视频2轨道的合适位置，如图13-6所示。

图13-5 图13-6

07 选择新添加的Flash动画，使用"复制"命令，对齐并进行多次复制操作，然后调整最后一个Flash动画的区间长度，如图13-7所示。

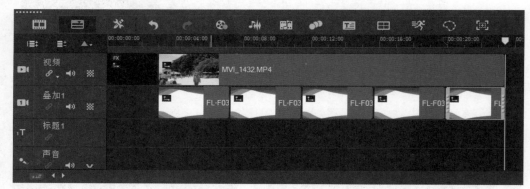

图13-7

08 单击"标题"按钮，进入"标题"素材库，选择合适的标题字幕，如图13-8所示。

09 单击鼠标并拖曳，将其添加至字幕轨道01:10的位置，并调整字幕区间的长度，如图13-9所示。

图13-8 图13-9

10 在预览窗口中，双击字幕文件，修改字幕内容，并将字幕文件移至合适的位置，如图13-10所示。

11 在"编辑"选项面板中，修改"字体"为"方正剪纸简体"、"字体大小"为120，如图13-11所示。

图13-10 图13-11

12 在预览窗口中预览片头效果，如图13-12所示。

图13-12

13.2 影片内容制作

影片内容是影片的主要部分，可以是以照片展示为主，也可以是以视频拼接为主要内容，通过几个不同效果的影片片段来丰富影片。

13.2.1 影片片段一

对于每个影片片段，可以根据自己的视频内容来命名一个小主题，可以以景点、人物来等命名，也可以随意而为。这里的片段是以不同效果来分类的。制作下面的片段主要用到了遮罩、添加键功能。

视频文件：视频\第13章\13.2.1影片片段一.mp4

实例效果

01 在视频轨中添加"背景1"图片素材，如图13-13所示。

图13-13

02 在选项面板中调整区间为12:09s，并设置"重新采样选项"为"保持宽高比（无字母框）"类型，如图13-14所示。

图13-14

03 在照片"编辑"选项面板中，单击"摇动和缩放"单选按钮，单击"自定义"按钮，如图13-15所示。

04 弹出"摇动和缩放"对话框，设置第一帧和第二帧的"缩放率"参数均为133，如图13-16所示，单击"确定"按钮，即可设置摇动和缩放效果。

图13-15

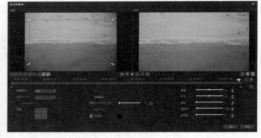

图13-16

05 在覆叠轨1中，添加"大皇宫1"图片素材，并调整新插入图片的区间长度，如图13-17所示。

图13-17

06 在"编辑"选项面板中，勾选"应用摇动和缩放"复选框，单击"自定义"按钮，如图13-18所示。

图13-18

07 弹出"摇动和缩放"对话框，修改第一帧的"缩放率"为137、第2帧的"缩放率"为154，如图13-19所示，单击"确定"按钮，即可应用摇动和缩放效果。

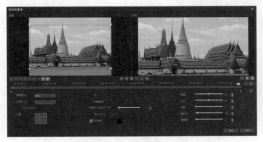

图13-19

08 在"属性"选项面板中，单击"高级动作"单选按钮，如图13-20所示。

图13-20

09 弹出"自定义动作"对话框，选择第一个关键帧，设置各个参数，如图13-21所示。

10 在02:09的时间处添加一个关键帧，并依次设置各参数，如图13-22所示。

图13-21

图13-22

11 选择最后一个关键帧，依次设置各参数，如图13-23所示。

图13-23

12 添加一个覆叠轨，在时间24:16的位置处添加"大皇宫2"图片素材，然后调整新插入图片的区间长度，如图13-24所示。

图13-24

13 在"编辑"选项面板中,勾选"应用摇动和缩放"复选框,单击"自定义"按钮,如图13-25所示。

图13-25

14 弹出"摇动和缩放"对话框,修改第一帧的"缩放率"为150、第二帧的"缩放率"为153,如图13-26所示,设置完成后单击"确定"按钮以关闭对话框。

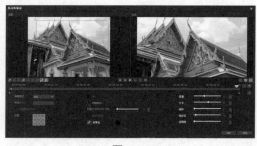

图13-26

15 在选项面板中,单击"高级动作"单选按钮,弹出"自定义动作"对话框,选择第一个关键帧,设置各参数,如图13-27所示。

16 在02:09的时间处添加一个关键帧,并依次设置各参数,如图13-28所示。

图13-27

图13-28

17 选择最后一个关键帧,设置各参数,如图13-29所示。

图13-29

会声会影2018视频编辑与制作

2018

18 单击"确定"按钮，即可完成素材的自定义动作设置，在预览窗口中预览效果，如图13-30所示。

图13-30

19 添加一个覆叠轨，在时间25:20的位置添加"大皇宫3"图片素材，并调整新插入图片的区间长度，如图13-31所示。

图13-31

20 在"编辑"选项面板中，勾选"应用摇动和缩放"复选框，单击"自定义"按钮，如图13-32所示。

图13-32

21 弹出"摇动和缩放"对话框，修

改第一帧和第二帧的"缩放率"均为151，如图13-33所示。

图13-33

22 在选项面板中，单击"高级动作"单选按钮，弹出"自定义动作"对话框，选择第一个关键帧，设置各参数，如图13-34所示。

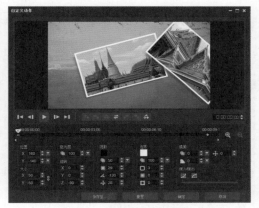

图13-34

23 在02:10的时间处添加一个关键帧，并依次设置各参数，如图13-35所示。

图13-35

24 选择第二个关键帧并单击鼠标右

键，打开快捷菜单，执行"复制"命令，如图13-36所示。

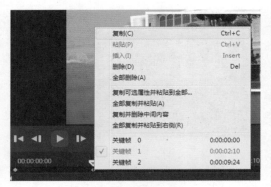

图13-36

25 选择最后一个关键帧，单击鼠标右键，打开快捷菜单，执行"粘贴"命令，如图13-37所示，即可粘贴关键帧，设置完成后单击"确定"按钮即可。

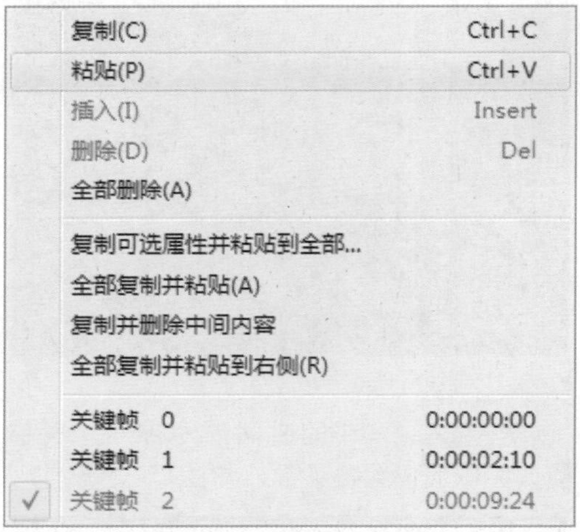

复制(C)	Ctrl+C
粘贴(P)	Ctrl+V
插入(I)	Insert
删除(D)	Del
全部删除(A)	
复制可选属性并粘贴到全部...	
全部复制并粘贴(A)	
复制并删除中间内容	
全部复制并粘贴到右侧(R)	
关键帧 0	0:00:00:00
关键帧 1	0:00:02:10
✓ 关键帧 2	0:00:09:24

图13-37

26 单击"标题"按钮，在预览窗口中双击鼠标左键，输入文本"大皇宫"，如图13-38所示。

27 调整字幕的位置和区间长度，在"编辑"选项面板中修改字体为"方正魏碑简体"、文字大小为100、字体颜色为白色，如图13-39所示。

图13-38

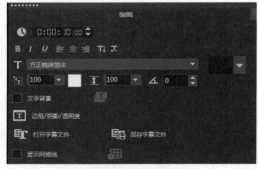

图13-39

28 在预览窗口中调整文本的位置，并单击"播放"按钮，预览已制作好的片段效果，如图13-40所示。

图13-40

13.2.2 影片片段二

下面介绍影片片段二的制作方法。

视频文件：视频\第13章\13.2.2影片片段二.mp4

实例效果	 

01 在视频轨中添加"芭提雅海滩"的3个图片素材，并将每张图形的"重新采样选项"设置为"保持宽高比（无字母框）"类型，如图13-41所示。

图13-41

02 选择新添加的最后一张图片素材，在照片"编辑"选项面板中修改"区间"参数为04:00，如图13-42所示。

图13-42

03 选择新添加的第一张素材图片，在照片"编辑"选项面板中点选"摇动和缩放"单选按钮，单击"自定义"按钮，如图13-43所示。

04 弹出"摇动和缩放"对话框，修改第一帧和第二帧的"缩放率"参数均为

138，如图13-44所示，设置完成后，单击"确定"按钮即可。

图13-43

图13-44

05 单击"滤镜"按钮，在"滤镜"素材库中选择"修剪"滤镜，如图13-45所示。

图13-45

06 单击鼠标并拖曳，将滤镜添加

至第一张图片素材上，在选项面板中单击"自定义滤镜"按钮，如图13-46所示。

图13-46

07 弹出"修剪"对话框，选择第一个关键帧，修改"宽度"和"高度"的数值均为100，如图13-47所示。

图13-47

08 在时间02:20的位置处添加一个关键帧，修改"宽度"和"高度"的数值均为100，如图13-48所示。

图13-48

09 选择最后一个关键帧，修改"宽度"为100、"高度"为0，并修改"填充色"为白色，如图13-49所示。完成设置后，单击"确定"按钮即可。

图13-49

10 选择图像素材，单击鼠标右键，打开快捷菜单，执行"复制属性"命令，如图13-50所示。

图13-50

11 在其他两个素材上依次单击鼠标右键，在快捷菜单中执行"粘贴所有属性"命令即可，如图13-51所示。

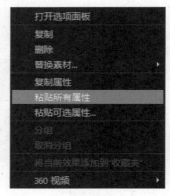

图13-51

12 单击"图形"按钮，进入"图形"素材库，单击素材库中的"画廊"下三角按钮，展开列表框，选择"色彩"选项，如图13-52所示。

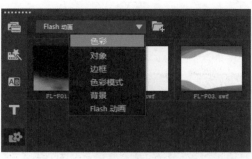

图13-52

13 进入"色彩"素材库，单击"添加"按钮，如图13-53所示。

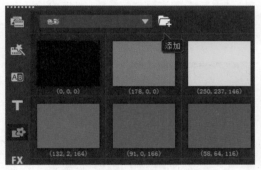

图13-53

14 弹出"新建色彩素材"对话框，修改各参数，如图13-54所示。单击"确定"按钮即可创建色彩对象。

图13-54

15 将新添加的色彩素材拖曳至覆叠轨1上，并调整色彩素材的区间长度，如图13-55所示。

图13-55

16 在预览窗口中调整素材的大小和位置，如图13-56所示。

图13-56

17 在覆叠轨3中，依次添加芭提雅海滩3、芭提雅海滩1和芭提雅海滩2素材，并调整最后一张图片素材的区间长度，如图13-57所示。

图13-57

18 选择第一个图片素材，在选项面板中点选"高级动作"单选按钮，弹出"自定义动作"对话框，选择第一个关键帧，修改各参数，如图13-58所示。

图13-58

19 在时间00:12和02:16的位置依次

添加关键帧，并设置相同的参数值，如图
13-59所示。

图13-59

20 选择最后一个关键帧，修改各参数，如图13-60所示。设置完成后，单击"确定"按钮即可。

图13-60

21 选择第一张图片素材，单击鼠标右键，打开快捷菜单，执行"复制属性"命令，如图13-61所示，依次在其他两张图片素材上复制并粘贴属性。

图13-61

22 在字幕轨道上选择字幕，对其进行复制操作，并调整复制后字幕的区间长度，如图13-62所示。

图13-62

23 选择字幕，在预览窗口中修改字幕内容，并调整字幕的位置，如图13-63所示。

图13-63

24 在"编辑"选项面板中修改字号大小为110、字体颜色为黄色，如图13-64所示。

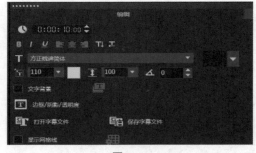

图13-64

25 在预览窗口中单击"播放"按钮，预览已制作好的片段效果，如图13-65所示。

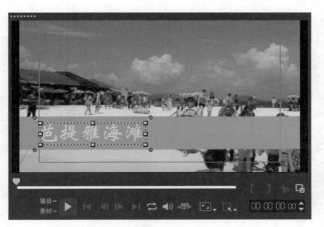

图13-65

13.2.3 影片片段三

下面介绍影片片段三的制作方法。

视频文件：视频\第13章\13.2.3影片片段三.mp4

实例效果

01 在"色彩"素材库中添加一个颜色值均为255的白色色彩，并将新添加的白色色彩素材添加至视频轨道上，如图13-66所示。

图13-66

02 选择新添加的色彩素材，在"色彩"选项面板中修改"色彩区间"的数值均为08:00，如图13-67所示。

图13-67

03 在覆叠轨1中添加两张相应颜色的色彩素材，并依次调整素材的区间长度，如图13-68所示。

04 依次选择色彩素材，在选项面板中点选"高级动作"单选按钮，弹出"自定义动作"对话框，依次设置第一个关键帧和最后一个关键帧的参数值，如图13-69

2018

所示，设置完成后，单击"确定"按钮即可。13-72所示。

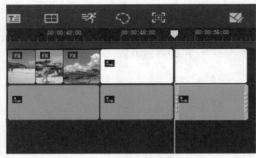

图13-68

图13-69

05 在覆叠轨2、3、4中，依次添加图片素材，并依次调整图片素材的位置和区间长度，如图13-70所示。

图13-70

06 在"转场"素材库中选择"交叉淡化"转场效果，如图13-71所示。

07 单击鼠标并拖曳，依次将其添加至视频轨和覆叠轨的图片素材之间，如图

图13-71

图13-72

08 选择覆叠轨2中相应的图片素材，在选项面板中勾选"应用摇动和缩放"复选框，单击"自定义"按钮，弹出"摇动和缩放"对话框，修改第一个关键帧的"缩放率"参数为149、最后一个关键帧的"缩放率"参数为146，如图13-73所示。设置完成后，单击"确定"按钮即可。

图13-73

09 在选项面板中点选"高级动作"单选按钮，弹出"自定义动作"对话框，依次添加关键帧，并修改各关键帧的参数值，如图13-74所示。

图13-74

10 选择覆叠轨2中的最后一张图片素材，在选项面板中勾选"应用摇动和缩放"复选框，单击"自定义"按钮，弹出"摇动和缩放"对话框，修改第一个关键帧的"缩放率"参数为149、最后一个关键帧的"缩放率"参数为147，如图13-75所示。设置完成后，单击"确定"按钮即可。

图13-75

11 在选项面板中点选"高级动作"单选按钮，弹出"自定义动作"对话框，依次添加关键帧，并修改各关键帧的参数值，如图13-76所示。

图13-76

12 选择覆叠轨3中相应的图片素材，在选项面板中勾选"应用摇动和缩放"复选框，单击"自定义"按钮，弹出"摇动

和缩放"对话框，修改第一个关键帧的"缩放率"参数为156、最后一个关键帧的"缩放率"参数为146，如图13-77所示。设置完成后，单击"确定"按钮即可。

图13-77

13 在选项面板中点选"高级动作"单选按钮，弹出"自定义动作"对话框，依次添加关键帧，并修改各关键帧的参数值，如图13-78所示。

图13-78

14 选择覆叠轨3中的最后一张图片素材，在选项面板中勾选"应用摇动和缩放"复选框，单击"自定义"按钮，弹出"摇动和缩放"对话框，修改第一个关键帧的"缩放率"参数为150、最后一个关键帧的"缩放率"参数为148，如图13-79所示。设置完成后，单击"确定"按钮即可。

图13-79

15 在选项面板中点选"高级动作"单选按钮,弹出"自定义动作"对话框,依次添加关键帧,并修改各关键帧的参数值,如图13-80所示。

图13-80

16 选择覆叠轨4中相应的图片素材,在选项面板中勾选"应用摇动和缩放"复选框,单击"自定义"按钮,弹出"摇动和缩放"对话框,修改第一个关键帧的"缩放率"参数为149、最后一个关键帧的"缩放率"参数为145,如图13-81所示。设置完成后,单击"确定"按钮即可。

图13-81

17 在选项面板中单击"遮罩和色度键"按钮,如图13-82所示。

图13-82

18 进入选项面板,勾选"应用覆

叠选项"复选框,在列表框中选择"遮罩帧"选项,并在其右侧的下拉列表框中选择遮罩效果,如图13-83所示。

图13-83

19 在选项面板中点选"高级动作"单选按钮,弹出"自定义动作"对话框,添加多个关键帧,并为每个关键帧设置参数值,如图13-84所示。

图13-84

20 使用"复制属性"和"粘贴所有属性"命令,将图片素材中的属性复制并粘贴至另一张图片素材上。

21 选择粘贴属性后的图片素材,在选项面板中单击"自定义动作"按钮,弹出"自定义动作"对话框,为每个关键帧设置参数值,如图13-85所示。

图13-85

22 在字幕轨道上选择合适的字幕，对其进行复制操作，并调整字幕的区间长度，如图13-86所示。

23 分别选择字幕，在预览窗口中依次修改字幕的文本内容、格式和位置等，并添加字幕，如图13-87所示。

图13-86　　　　　　　　　　　　　　　　　　图13-87

24 在预览窗口中预览效果，如图13-88所示。

图13-88

13.2.4　影片片段四

下面介绍影片片段四的制作方法。

视频文件：视频\第13章\13.2.4影片片段四.mp4

实例效果	 

01 在"色彩"素材库中依次选择合适的色彩素材，将其添加至视频轨道和覆叠轨1轨道上，如图13-89所示。

02 依次选择新添加的色彩素材，在"色彩"选项面板中修改"区间"参数为05:16，如图13-90所示。

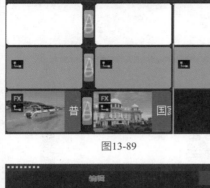

图13-89

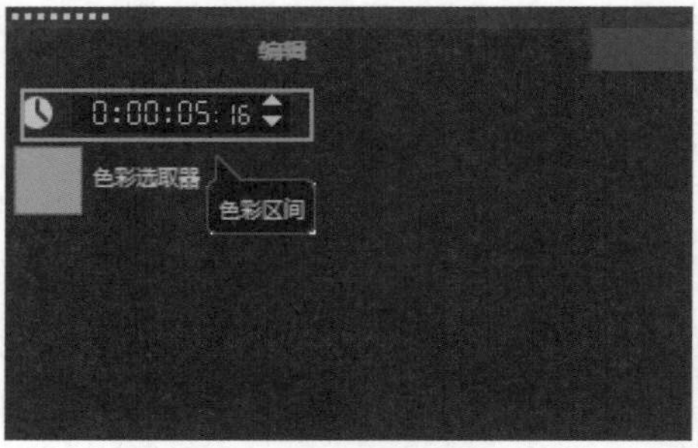

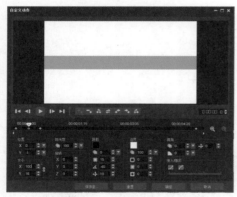

图13-90

03 选择覆叠轨1上的色彩素材，在选项面板中点选"高级动作"按钮，弹出"自定义动作"对话框，添加多个关键帧，并设置各个关键帧的参数值，如图13-91所示。设置完成后，单击"确定"按钮。

图13-91

04 在覆叠轨2中添加图片素材，并调整素材的区间长度，如图13-92所示。

05 在选项面板中勾选"应用摇动和缩放"复选框，单击"自定义"按钮，弹出"摇动和缩放"对话框，修改第一个关键帧的"缩放率"参数为150、最后一个关键帧的"缩放率"参数为146，如图13-93所示。

设置完成后，单击"确定"按钮。

图13-92

图13-93

06 单击"滤镜"按钮，进入"滤镜"素材库，选择"亮度和对比度"滤镜，如图13-94所示。单击鼠标并拖曳，将其添加至覆叠轨的美食图像素材上。

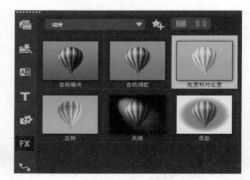

图13-94

07 在其他的覆叠轨道上依次添加图片素材，并调整图片素材的位置和区间长度，如图13-95所示。

08 选择覆叠轨2上的图片素材，同时单击鼠标右键，打开快捷菜单，执行"复制属性"命令，如图13-96所示。依次将属性复制并粘贴进其他覆叠轨中新添加的图片素材上。

奖破平面：会声会影2018视频编辑与制作

2018

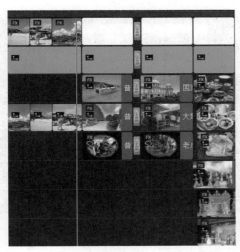

图13-95

图13-96

09 选择覆叠轨2中的图片素材，在选项面板中单击"高级动作"按钮，弹出"自定义动作"对话框，添加多个关键帧，并依次修改每个关键帧的参数值，如图13-97所示。设置完成后，单击"确定"按钮即可。

图13-97

10 选择覆叠轨3中的图片素材，在选项面板中单击"高级动作"按钮，弹出"自定义动作"对话框，添加多个关键帧，并依次修改每个关键帧的参数值，如图13-98所示。设置完成后，单击"确定"按钮即可。

图13-98

11 选择覆叠轨4中的图片素材，在选项面板中，单击"高级动作"按钮，弹出"自定义动作"对话框，添加多个关键帧，并依次修改每个关键帧的参数值，如图13-99所示。设置完成后，单击"确定"按钮即可。

图13-99

12 选择覆叠轨5中的图片素材，在选项面板中单击"高级动作"按钮，弹出"自定义动作"对话框，添加多个关键帧，并依次修改每个关键帧的参数值，如图13-100所示。设置完成后，单击"确定"按钮即可。

2018

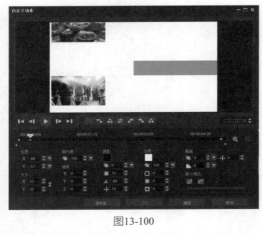

图13-100

图13-101

13 选择覆叠轨6中的图片素材，在选项面板中单击"高级动作"按钮，弹出"自定义动作"对话框，添加多个关键帧，并依次修改每个关键帧的参数值，如图13-101所示。设置完成后，单击"确定"按钮即可。

14 选择覆叠轨7中的图片素材，在选项面板中单击"高级动作"按钮，弹出"自定义动作"对话框，添加多个关键帧，并依次修改每个关键帧的参数值，如图13-102所示。设置完成后，单击"确定"按钮即可。

图13-102

15 将字幕轨道中的相应的字幕进行复制操作，并调整复制后的字幕的区间长度，如图13-103所示。

图13-103

16 选择复制后的字幕，在预览窗口中重新修改字幕的内容和位置，完成片段制作，如图13-104所示。

图13-104

13.3 片尾制作

片尾以结束语来提示影片的结束，这里选择的背景视频与片头内容相呼应。

视频文件：视频\第13章\13.3片尾制作.mp4

实例效果	

01 单击"即时项目"按钮，进入"即时项目"素材库，如图13-105所示。

02 在左侧列表框中选择"结尾"选项，并在"结尾"素材库中选择一个模板，如图13-106所示。

图13-105　　　　　　　　　　　　图13-106

03 单击鼠标并拖曳，将选择的模板添加至"时间轴"面板中，如图13-107所示。

04 选择模板中的图片素材，并单击鼠标右键，打开快捷菜单，执行"替换素材"|"照片"命令，如图13-108所示。

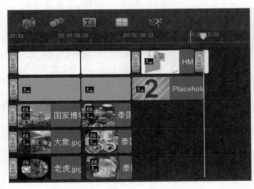

图13-107　　　　　　　　　　　　图13-108

05 弹出"替换/重新链接素材"对话框，选择"大皇宫1"图片素材，如图13-109所示。

06 单击"打开"按钮，即可重新替换图片素材，如图13-110所示。

图13-109

图13-110

07 在覆叠轨2、3中时间线为01:10:06的位置处添加"国家博物馆"和"普吉岛1"图片素材,并调整图像的区间长度,如图13-111所示。

图13-111

08 选择覆叠轨2中新添加的图片素材,在选项面板中的"基本动作"选区

中单击"从右上方进入"和"淡出"按钮,并单击"遮罩和色度键"按钮,如图13-112所示。

图13-112

09 展开选项面板,修改"边框"参数为3,并选取合适的边框颜色,即可为图片素材添加边框,如图13-113所示。

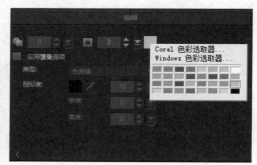

图13-113

10 选择覆叠轨3中新添加的图片素材,在选项面板中的"基本动作"选区中单击"从右下方进入"和"淡出"按钮,并单击"遮罩和色度键"按钮,如图13-114所示。

图13-114

11 展开选项面板,修改"边框"参数为3,并选取合适的边框颜色,即可为图片素材添加边框,如图13-115所示。

12 在预览窗口中依次调整各个图片的大小和位置,如图13-116所示。

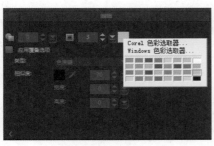

图13-115

图13-116

13 选择片尾字幕，在预览窗口中修改字幕内容，并调整字幕的位置，如图13-117所示。

图13-117

14 在"时间轴"面板中调整片尾字幕的区间长度，如图13-118所示。

图13-118

15 将音乐轨道上的片尾音频文件删除，在时间轴空白处单击鼠标右键，执行"插入音频"|"到音乐轨#1"命令，如图13-119所示。

图13-119

16 在打开的对话框中选择音频素材，单击"打开"按钮，添加素材后调整区间长度，如图13-120所示。

图13-120

17 选择音频素材，在选项面板中单击"淡出"按钮，如图13-121所示。

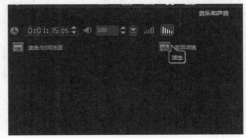

图13-121

18 完成视频的制作，在预览窗口中预览效果，如图13-122所示。

图13-122

13.4 输出共享

影片制作完成后将原始文件保存下来，可以方便下次修改。为了方便观看，还需要将.VSP格式的影片渲染生成其他常见的视频格式，或者直接输出到手机、光盘等设备中。

视频文件：视频\第13章\13.4输出共享mp4

实例效果

01 单击"步骤"面板上的"共享"按钮，在"共享"界面中选择视频格式，设置文件名、文件存储位置，单击"开始"按钮，如图13-123所示。

02 文件开始渲染，渲染时预览窗口中显示视频效果，如图13-124所示。

图13-123　　　　　　　　　　　　　　　　图13-124

03 渲染完成后弹出提示对话框，单击"确定"按钮，如图13-125所示。

04 在素材库中选择生成的视频，在预览窗口中预览视频效果，如图13-126所示。

图13-125　　　　　　　　　　　图13-126